GTD法則 ✕ 番茄時鐘法 ✕ 甘特圖 ✕ 九宮格時間管理法

打造強大自律系統，讓你的努力成為長期優勢

徐丹妮 著

# 時間複利效應

## 從零碎忙碌到高效產出

創造更豐富且高效率的人生
你也能讓24小時變成48小時

養成高效時間管理習慣，
提升工作與學習效率！

# 目 錄

序言　　　　　　　　　　　　　　　　　　　　　005

第 1 章
從拖延到自律：建立高效時間管理基礎　　　　　009

第 2 章
自我提升時間：訓練出你的核心競爭力　　　　　067

第 3 章
工作效率倍增：掌握高效時間管理工具　　　　　121

第 4 章
學習時間規劃：以好規劃提高效率　　　　　　　177

第 5 章
運動時間：擁有好身體才能更高效　　　　　　　223

第 6 章
長期自律：以少數人標準高效成長　　265

後記　　305

# 序言

承蒙各位讀者的厚愛和出版社的支持，我的第一本書《學習，就是要高效：時間管理達人如是說》自出版後一直在不斷地加印。同時我也從各地讀者的回饋中得知，透過閱讀本書，他們的學習、工作效率都得到了提升，對此我感到非常欣慰。

雖然這幾年我一直有寫第二本書的想法，但我一直沒有開始動筆，一是擔心沒有足夠的累積沉澱，寫不出更好的作品；二是覺得自己應該在創業這條路上再打滾幾年，讓人生閱歷更豐富一些，能夠站在更好、更高的角度全面思考，與大家分享更多的關於時間管理的好文章、好方法。

在過去幾年裡，我走過了「創業──獲得創業比賽獎項──創業失敗──第二次創業」的心路歷程，由於人生的巔峰時刻和谷底都經歷了，在豐富了人生閱歷的同時，我也獲得了成長。也正是一直在創業的緣故，我每天的時間都被切割成了一個又一個碎片時間，幾乎同時面臨著工作、學習、家庭、健康等幾個方面的平衡和考驗。相信許多讀者也經歷過或正在面對與我類似的問題：如何把 24 小時變成 48 小時，利用好每一天的時間？我也不斷地在思考和實踐，以使自己在有限的時間裡做出更多有意義的事情。

受張尚國策劃編輯的邀請，我開始創作此書，在這一年多的時間裡，我一邊創業一邊用業餘時間書寫，一次次不斷修改其中的內容。

為了把此書寫得更好，一年我讀了 90 本書，每一本書我都認真閱

讀,並做了筆記,所閱讀的內容涉及商業知識、自我提升、效率管理、自然科學等領域。「多讀書,讀好書」是我一直倡導的理念,透過「閱讀輸入,文字輸出」的形式,讓自己每週都能學習新知識、新理念,又透過做讀書筆記、寫書評等方式記錄自己的閱讀收穫,同時也在不斷實踐我的時間管理方法和學習方法。

在一邊創業一邊寫書的過程中,我感受到了做時間管理的「複利效應」。我能夠明確自己的工作目標和想要達到的生活狀態,把這些目標以「年/月/日」為單位,透過每天做時間管理,把大目標不斷拆成一個個小任務。每天只要完成任務清單上的事項,我的目標基本上都能實現,每天的工作和生活都井然有序。身邊的朋友看到我在工作忙碌的情況下還能抽空進行創作,都很好奇,想知道我是怎麼做到的。三言兩語說不清,我便透過大量的方法論和實踐,想把這些「簡單好用的時間管理方法」以文字的形式一步一步呈現給讀者,這也是我創作此書的原因。

我希望透過分享這些好方法,使讀者能夠在有效率的工作和學習的同時,抽出時間陪伴家人,或留出時間給自己的興趣愛好,在有限的時間裡,豐富自己人生的厚度和拓寬自己知識的廣度。這才是做時間管理的真正意義。

「終身學習,知行合一」是我的座右銘,無論是學習外語、做時間管理,還是創業升級打怪,我都在踐行這個理念。在大學畢業後的這些年裡,我不斷地提升自己的綜合能力,哪怕最終結果不太滿意,但我至少努力過,這樣將來就不會後悔。

我曾在一本書裡看到這樣一個故事:假如你能活到 70 歲,把你的一生畫在一張 A4 紙上,一個格子代表一個月,那麼你人生中會擁有 840 個

格子。從出生開始，人生每過去一個月，就劃掉一個格子。如果你今年30歲，那麼就劃掉了360個格子，放眼看去，這張A4紙上的大部分格子都已經劃掉了。透過這樣的方式，你能很直觀地從視覺上感受到時間的流逝。

這個案例讓我印象深刻，也讓我感到人生短暫，時間不容浪費，甚至走著走著還沒想明白人生的意義、實現幾個夢想，我們就老了。撫今追昔，我感慨良多：

1. 人生短暫，我們有許多願望想實現，怎麼辦？

2. 我們每天都在工作／學習，感到非常累，下班／放學後只想休息，不想再工作和自我提升，怎麼辦？

3. 許多事情不到最後的截止日期就不去完成，每次拖延到那個時刻都會感到焦慮又自責，怎麼辦？

朋友，與其感到焦慮和懊惱，不如翻開這本書，花幾個小時把它讀完。只要學會這些簡單、高效的時間管理方法，透過每天、每週的時間管理實踐，相信你也可以讓自己的「24小時」變成「48小時」。

徐丹妮

序言

# 第 1 章
# 從拖延到自律：
# 建立高效時間管理基礎

第 1 章　從拖延到自律：建立高效時間管理基礎

# 第 1 節
# 1 小時快速掌握 5 種時間管理法

「時間花在哪，都是看得見的。」

「終身學習，知行合一。」

上面是我很喜歡的兩句話，也是我的座右銘，我想在本書開頭就把它們送給各位讀者。有的讀者可能會好奇：時間，看不見、摸不到，為什麼說它是「看得見」的呢？

其實這並不難理解。如果你願意每天抽出累計 1 小時的時間進行科學化的健身，堅持 365 天不間斷，一年之後你便會擁有一副健美的身材，甚至穿衣特別有型。你花費在健身上的每 1 分鐘、每 1 小時都經過長期的累積，使你的身體發生了變化，並最終顯示出看得見的結果，這個結果讓你滿意，也讓你身邊的朋友佩服。

如果你每天花 30 分鐘的時間看書，堅持 100 天不間斷，以每天閱讀 50 頁的速度計算，你就會讀完 5,000 頁。如果按照一本書 150～200 頁計算，那麼在這 100 天的時間裡，你可以閱讀完 25～33 本書，甚至讀得更多。

你看，時間花在哪，都是看得見的。

如果把時間精確到每一天，以年為單位去做考慮，我們會發現長期在某個領域花費時間鑽研，就能夠產生複利效應，獲得該領域的大量知識。如果我們長期在某個領域累積沉澱，便會在這個領域有一定深度的見解。

你把這些知識和見解透過「輸入──輸出」的方式，形成筆記、文章、音訊、影片等，透過某些網路傳播管道分享出去，你便會找到同類，

甚至擁有一群和你理念相似的朋友，他們都會成為你前進道路上的盟友。

長期堅持下去，就是「終身學習，知行合一」。

我希望這兩句話能夠對你有所啟發，幫助你為接下來學習時間管理的內容做準備。我會透過分享五種方法，讓你在 1 小時之內學會簡單有效率的時間管理法，並且讓你學完就能夠實踐起來。

## 1. 柳比歇夫法

柳比歇夫（Aleksandr Lyubishchev）是一名蘇聯作家，他從 26 歲開始便記下自己每天的時間都花在了哪裡，結果：他在 28 歲確定了一生的目標 —— 創立生物自然分類法，31 歲能準確感知時間，73 歲全年工作時長達 2,006 小時，79 歲全年還為讀者寫了 283 封回信。

如此詳細的數字，都來自他本人的紀錄。這些紀錄都非常有用，對他而言是參考，知道自己每天的時間都花在了哪裡；對後人來說則是一種可以參考和借鑑的基礎時間管理方法。

他在充實又忙碌的一生中，不僅熱情、嚴謹地對待工作，也對自己的道德有嚴格要求。他並不是一位刻板的科學研究工作者，生活中也有自己的興趣愛好。他不追求得到所有人的認可和掌聲，但對自己熱愛的事情能夠長期堅持下去並盡量做好。他不追求成為權威，勇於提出與主流不同的觀點，同時保持著批判性思維。

在《奇特的一生》(This is Strange Life) [01] 這本書中，作者格拉寧（Daniil Granin）詳細地闡述了柳比歇夫的時間管理方法 —— 如何運用時

---

[01] 格拉寧·奇特的一生：柳比歇夫堅持 56 年的「時間統計法」[M]·侯煥閎，唐其慈，譯·北京：北京聯合出版公司，2016．

間，使願望一步一步實現，同時也能保證擁有足夠的睡眠時間。

　　柳比歇夫嚴格地記錄自己用在學習、科學研究等方面的時間，隨後他會透過總結、反思，尋找並採用更合適的方法記錄時間。

　　例如，每次散步的時候，他會捕捉昆蟲、觀察昆蟲的習性；在一些廢話連篇、對他而言沒有太多意義的會議上，他會演算習題；出門在外旅行時，他會看小說、學習外語；乘電車的時候，他會站著看書，有位置的話他還可以坐著寫字。

　　隨著工作和學習的深入，他的知識庫越來越大。他在研究數學時發現，自己如果不懂歷史、不懂文學，對數學的研究就會有所欠缺。他覺得自己需要進行綜合學科的學習，這樣才能成為一名更好的科學研究工作者。

　　漸漸地，他發現自己的時間越來越不夠用了，對自己的要求也越來越高。後來他為了更有效的利用時間，把工作時間分為毛時間和純時間：毛時間就是花在這項工作上的時間；而純時間，則是指工作中的間隙或歇息時間也加以利用的時間。除了每天對時間消費進行記錄，他還做了規劃，把一輩子分為許多個「五年計畫」——他每過五年，就把時間支出在哪些事情上認真做分析，和過去的自己進行對比，在哪些方面做得好，在哪些方面做得不好，以此來不斷改進自己的時間管理方法。用棋手的話來說，他就是在不斷地「復盤」：回顧自己的過往，了解過去自己的時間分配是否科學。

　　柳比歇夫法，我用一句話簡單概述為：嚴格記錄自己每一天的時間消費，透過分析自己的時間花費情況，重新分配時間，以達到更科學、更合理利用時間的目的。

　　當然，你完全沒有必要按照他的原始方法做每一天的時間記錄，並不是每一個人都適合這樣長期的、看似枯燥的時間記錄法。你可以學習

第 1 節　1 小時快速掌握 5 種時間管理法

和借鑑的是：透過記錄自己一週 7 天的時間，每一天都花費了多少小時在工作、學習、運動等事情上，從而知道自己每天、每週的時間安排是否合理。如果不合理，你可以在某些事項上進行單獨調整，從而達到利用時間的最高效果。

如何利用柳比歇夫法記錄自己一週的時間呢？接下來我將分享自己的實踐經驗，希望能對你有一定的幫助。

A. 以週為單位，對每週 7 天的時間做一個詳細的記錄。
B. 每一天以時間軸為模板，記錄自己從早到晚的時間花費。可以用晚上睡覺前的 5～10 分鐘完成每天回顧，總結自己在哪些方面做得好，在哪些方面的時間利用可以再改進。
C. 每週結束之後，再做一個週回顧，看看自己本週的時間利用是否合理。

週記錄時間模板如圖 1-1 所示，你可以參考或者結合個人實際另行設計。

| 週一<br>看書 2小時15分鐘<br>工作 10小時43分鐘<br>學習 1小時28分鐘<br>健身 35分鐘 | 週二 |
|---|---|
| 週三 | 週四 |
| 週五 | 週六、日 |

圖 1-1 以週為單位的時間記錄模板

013

第 1 章　從拖延到自律：建立高效時間管理基礎

透過柳比歇夫法記錄自己每週的時間花費，堅持 2～3 週後，你便會養成最基礎的時間管理習慣，也會明白對哪些時間不應該浪費，對哪些時間還可以更精確、合理地利用，從而達到時間運用最大化的效果。

## 2. 吞青蛙法則

想像一下：你每天早上起來，必須吞掉一隻活的青蛙，你的內心會有什麼樣的感受？

焦慮、痛苦、不願面對，你甚至都不敢想⋯⋯沒錯，這些都是你在想到吞活青蛙這件事時的非常真實的感受，也是你每天面臨最痛苦的工作任務、學習任務、事項時會產生的感受。

要吞掉的那隻青蛙，可以用來比喻你每天必須完成的那一個痛苦事項，你不願意面對它，卻又不得不面對它。「吞青蛙法則」是由《時間管理，先吃了那隻青蛙》(Eat that Frog!) [02] 的作者布萊恩・崔西 (Brian Tracy) 提出的一種時間管理法，它可以幫助你解決那些痛苦的事情。在這本書中，作者把每天要完成的最重要的任務比喻成大青蛙，只要你改變自己的思維方式，運用技巧把大青蛙吃掉，你就能自如地駕馭時間，掌控自己的生活。

吞青蛙法則包含兩條：

第一條法則：如果你每天早上必須吞掉兩隻青蛙，可先吞掉更大、更醜的那一隻。

這是什麼意思呢？如果你每天早上醒來，同時面臨兩件棘手的、令你痛苦的事情，那麼你就選擇先處理難度更大、你更不願意面對的那件事。

---

[02]　崔西・吃掉那隻青蛙 [M]・王璐，譯・北京：機械工業出版社，2017.

014

把更難、更讓你痛苦的事情處理完，你就會長嘆一口氣，因為接下來的待辦事項相對來說就容易多了。我有一位作家朋友，他每天早上起來面臨著兩個任務：至少更新 3,000 字的文章、錄製一期 5 分鐘節目音檔。於是他選擇每天早上先去做錄音的事項，完成之後再去公司上班，利用中午休息的時間書寫 3,000 字以上的文章，再釋出到網站上。就這樣透過不斷地堅持和累積，他漸漸成為一位名作家。

第二條法則：如果你每天必須吞掉一隻青蛙，那麼你只是坐在那裡盯著牠看，終將無濟於事。

這就好比：面對每天都必須完成的一件事情，如果我們一直拖延下去，不願意完成，那麼這件事情就一直不會得到處理，甚至會帶來更多不好的影響，產生負面的「骨牌效應」。拖延會導致事情累積得越來越多，我們會感到越來越焦慮。

我對這條法則感受頗深。早上起來每當我不想面對客戶的一堆郵件和訊息時，我總會告訴自己，想想吞青蛙第二條法則。只盯著這件事情不去處理是沒有用的呀，不管是否情願，都得把這件事情完成，我才不容易焦慮，才能集中精力去處理接下來的待辦事項。如果我實在不想主動完成這件事，就會用吞青蛙法則加上自我懲罰的方式發小金額紅包給我的同事，用外在的力量督促自己完成。時間久了，我肯定會覺得一直發紅包不划算，所以即使內心再不情願，我也會去完成這件事。自我懲罰的方式有許多種，重要的是要讓自己養成主動處理困難問題的習慣，而不是任由困難問題放在那，自己不解決、一直拖延下去。

你也可以把吞青蛙法則運用到日常生活中，幫助你面對那些很難處理的事情。

# 3.「四象限」法則

每天面對需要完成的大量任務,你是否有過類似的體驗:當手頭的待辦事項變得越來越多時,感覺大腦有些混亂,不知道該從哪一件事情著手處理。隨著事情堆積得越多,內心就會感到越焦慮。

其實你只要學會時間管理裡的「四象限」法則,很快就能釐清手頭的待辦事項,從而更從容、更淡定面對它們。

根據待辦事項的緊急、重要程度,我們可以把這些事情分為:重要、緊急的事,重要、不緊急的事,緊急、不重要的事,不緊急、不重要的事。如圖 1-2 所示。

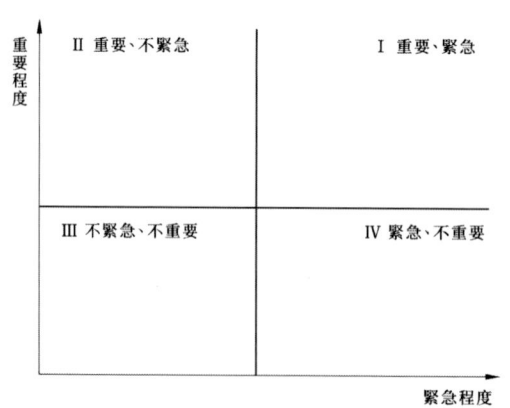

圖 1-2 時間管理四象限圖

(1)重要、緊急的事。一天中,哪幾件事對於你來說是重要、緊急的,就可把它們放入此象限中。假如你是一名人資人員,每天需要處理的重要、緊急的事情有:打電話給 10 位面試者,通知他們來公司面試;篩選信箱裡的 50 份履歷,從中選出 10 份候選人履歷,給各個部門主管檢視。那麼你就可以把這些重要緊急的事情列入這個象限,每天優先完

成這些工作上的事情，再處理其他事情。

假如你是一位學生，每天面對的重要、緊急的事情有：背完50個英語單字、寫一篇800字的作文。那麼你就把這些事情列入此象限，選擇在自己狀態最佳時完成這些任務。

(2) 重要、不緊急的事。每天的待辦事項裡，有些比較重要，但它們不是當下必須完成的（不那麼緊急），你就可以它們列入此象限中。假如你是一位銷售人員，每天需要把銷售業績製作成表格彙總起來，這件事情重要，卻不必立刻完成，可以在下班前花5～10分鐘完成，那麼這件事就可以列入此象限，提醒自己下班之前完成即可。

假如你是一名學生，每天的學習任務裡重要、不緊急的事情有：與同學討論一道數學題的解法，去詢問國文老師一首古詩的寓意。那麼這些事情就可以列在此象限中，將時間安排在放學後、下課後，因為它們雖然比較重要，但你不必放下學習任務，可以安排在空閒時間完成它們。

(3) 緊急、不重要的事。一天中有時會有臨時、突然安排的任務，它們或許需要你立刻就處理、需要你在30分鐘內處理完，但它們又不是很重要的事，你就可以把這些事列入此象限。比如：影印給老闆一份資料，中午12點送到老闆辦公室；開會結束後的30分鐘內，寫一份簡明的會議紀要提交給部門主管。這些事情都很緊急，但相對於每天最重要的那幾項事情來說，顯得不那麼重要，你可以根據工作時間是否充裕來安排這些任務：如果時間充裕，就立刻去做；如果不充裕，可以把事情寫在便條紙上，貼在辦公桌顯眼的位置，只要在截止日期前把它們都完成即可。注意：一定要為這些事情設立截止日期或截止時間，否則容易遺漏，以至影響工作。

## 第 1 章　從拖延到自律：建立高效時間管理基礎

對學生來說，緊急、不重要的事情可以安排在不需要大量專注學習的時段裡。比如老師要求你在今天放學之前交作文作業並送到老師辦公室，國文小老師可以利用中午休息的時間提前告訴同學們：作文須在5點之前交給你，5點之後就要自行去老師辦公室提交。大部分同學能按時提交給你，你就可以整理出缺交作業的同學名單附上作文作業本，交到老師辦公室，把更多時間分配給那些重要、緊急的事情。

(4) 不緊急、不重要的事。每天總會有那麼幾件小事不緊急也不重要，你可以將其列入此象限。例如：每天檢查、回覆信箱裡的郵件；回覆通訊軟體上客戶的訊息、簡訊等。對這些事情，你可以選擇統一的一段時間（如：下班前半小時）去處理，而不是客戶傳一條訊息就立刻回覆。對這些不緊急也不重要的事情，你既可以利用碎片時間處理，也可以統一處理，總體原則就是：不要浪費大量的時間和精力在這些事情上，先專注做好手上那些最重要的事情。

假如你是學生，對於像買新的文具等事情，就可以列入此象限中：等你把課業上的重要任務都完成，再去做這些不緊急、不重要的事情。只要把它們寫下來列入此象限，你就不會遺忘，也不會因為這些事情到放學前還沒有做而感到焦慮。

建議大家把工作和生活的待辦事項分開，列出兩個圖表進行事項安排。待熟練掌握此方法後，你就會明確篩選出每天最重要、最應該花時間去完成的事情；拖延的習慣也會得到改變，你會發現自己的生活正在朝向一個好的方向發展。

下面我以自己某天的待辦事項為例，根據工作和生活分為兩類，展示具體的時間安排，如圖 1-3 所示。

第 1 節　1 小時快速掌握 5 種時間管理法

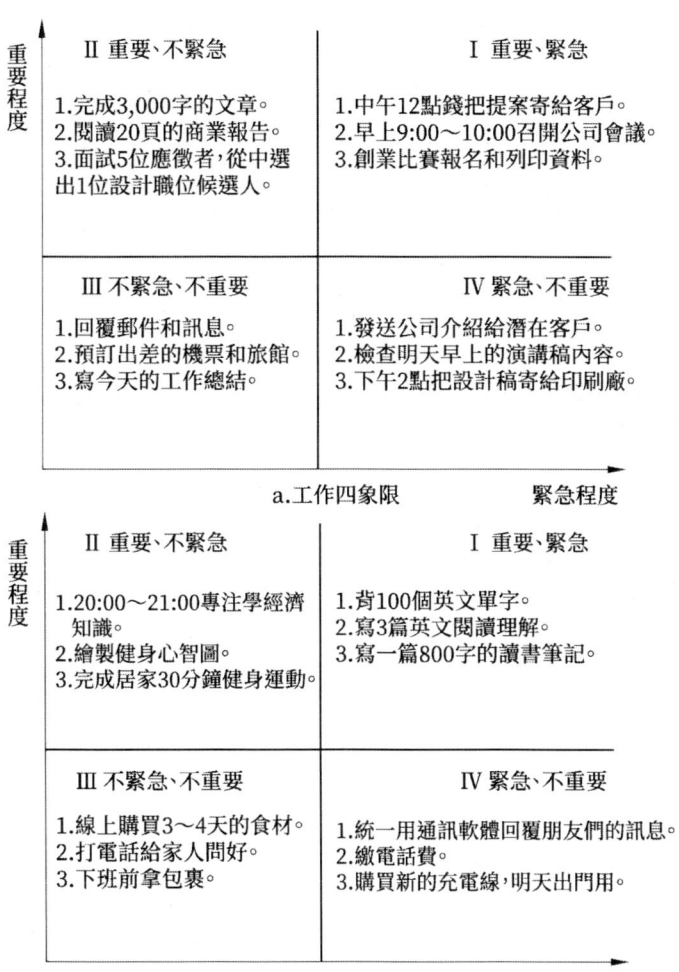

圖 1-3 工作和生活四象限圖

我希望這個簡單好用又容易學的「四象限」法則，能幫助你合理安排每一天的時間，做好自己的時間管理。

## 4.GTD 法則

GTD 是 getting things done 的縮寫，意為「完成每一件事情」。GTD 法則是美國著名時間管理大師大衛·艾倫（David Allen）在《搞定！工作效率大師教你：事情再多照樣做好的搞定 5 步驟》（*Getting Things Done: The Art of Stress-Free Productivity*）[03]中提出的一套非常行之有效的管理方法。

隨著網路和遠距辦公的普及，過去傳統的工作模式漸漸發生改變，每天需要完成的工作內容也變得越來越多，再加上大量的工作需要透過郵件、簡訊、通訊軟體等形式輸入，我們只是採用對待辦事項完成即打勾、沒完成即打叉的簡單方法，已經無法有效管理我們的時間，因此，GTD 法則應運而生。

GTD 法則的核心理念：你只有把心裡所想都寫下來，並且做好下一步的安排，你才能心無掛念、全力以赴地做好目前的工作，從而提升工作和學習效率。

如果你常常因一些事情沒有得到解決而處在焦慮之中，那麼你腦海裡就會時不時想起這些事情，從而影響當下手頭的工作，甚至會使你忘記做一些重要的事情。

透過 GTD 法則把所有的待辦事項羅列出來再進行分類，確定下一步的處理方法，使它們都處在一個可控的範圍內，這樣我們做事的思路才會更清晰。

作者同時提出了一個「2 分鐘法則」：如果一件事情可以在 2 分鐘內完成，那麼你最好立刻就去完成它，甚至可以暫停手中的另外一件事情，先把這件立刻就可以完成的事情做完。

---

[03] 艾倫．搞定Ⅰ：無壓工作的藝術 [M]．張靜，譯．北京：中信出版社，2016.

比如：你正在寫工作日誌，忽然接到一個通知，讓你把一份資料送到隔壁同事的位置上。這件事情只需 30 秒就可以完成，你應該把手頭的工作暫停，先把資料送過去，再繼續做手上的工作。因為這件事很簡單，也不會占用你太多的時間，若不立刻去做，在忙於其他工作的情況下，你很可能會忘記送資料這件事。同事沒收到這份資料，可能就會因此耽誤工作。

那麼，GTD 的基礎概念和原則都有哪些呢？

(1)基礎概念。包括資料和工作兩個方面。

資料：指所有需要關注的事情，只是希望達成的結果以及如何完成，都還沒有被確定。也就是說，這些屬於你尚未確定結果且下一步須具體行動的事情。

工作：在中文書籍裡，這個詞被翻譯為「工作」。在本書中，它指的是：那些已經被清楚定義目標，並且需要一步步完成的任務。作者在書中多次強調「工作」，其實並不單獨指工作和事業，也可以指代生活中的一切事務。

(2)三個基本原則。作者認為，一個好的時間管理體系應該具備三個基本原則：

第一，所有需要處理的事情並不能只依靠大腦儲存，而是需要一個外在的體系幫助儲存。我們的大腦存在「長期記憶」和「短期記憶」，我們的大腦要記住那些真正需要長期記憶的資訊 —— 那些可以用筆和紙記錄下來的短期資訊，就用一個外在體系來完成。所以，無論是電子的還是紙本的時間管理表，都能夠幫助我們把需要處理的事情依次記錄下來。

第二，對於任何工作，我們都應釐清需要完成哪些任務，從而達成

最終目標。我們需要得到一些清晰的任務，大腦才能判斷哪些任務可以在哪一個時段完成。

第三，如果所有需要完成的任務都已經定義清楚了，那麼還需要一個可以被定期回顧的提醒系統。簡單來說，就是我們完成任務之後，要學會去查漏補缺和檢討，不斷回顧和總結，只有這樣，才能知道自己在哪些方面還可以再改進。

(3) 從「橫向」和「縱向」兩個方向控制事物。「橫向」控制指的是：管理你的行動，保證毫無遺漏地加以執行。這像一個可以全方位掃描的雷達，它掃描的對象就是每一天裡那些能夠吸引你注意力的事務。「縱向」控制指的是：針對每個具體的主題或事項你所進行的思考。例如：在書店的時候，你和朋友聊起最近的書單，此時你內心深處的「雷達」就開始鎖定這條資訊──你要挑選哪些書籍、購買書籍的預算是多少、打算用多長時間把這些書看完、需要為讀書做哪些準備等。

橫向控制和縱向控制的目標是一致的：能幫助你分擔精神上的壓力，解除你的焦慮，從而幫助你把每一件事情都做好。透過對事情進行恰到好處的管理，合理分配時間，你可以更加自如地應對工作和生活，同時對這些專案或事項適當聚焦，讓你徹底了解和掌控專案所需要準備的工作。

(4) GTD 法則的五個步驟。GTD 法則分為五個步驟：收集、處理、整理、回顧、行動。具體的處理方式可以用圖 1-4 表示。

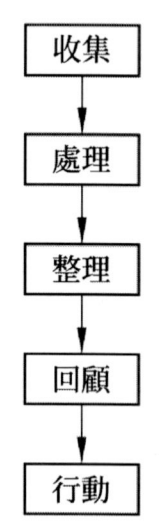

圖 1-4
GTD 法則的五個步驟

①收集。了解自己完成某個待辦事項，需要收集哪些資訊，以及如何富有成效地完成這項任務。這一點非常重要。只有清楚自己的工作具體需要什麼資訊，才能夠恰當地推進事項進度。為了把你的思維從一堆亂七八糟的待辦事項中解放出來，你必須清楚地意識到：需要抓住真正重要的事情。它們是你當下必須處理的事情，而且在將來的某一個時間點，你還會去處理和回顧。

可以用到的收集工具包括：紙本筆記本、電子備忘錄、錄音設備、電子郵件等。

在收集資訊的過程中，千萬不要想著一次就能把資訊收集完整，而要透過列大綱、畫心智圖等形式幫助自己整理資訊，等有新的後續資訊加入時還要及時補充。

下面以我自己的寫作過程舉例說明一下。為了創作本書，我需要閱讀大量各種類型的書籍，不僅限於時間管理類，還有心理類、經濟管理類書籍。因為只有不斷閱讀，拓寬自己的知識，才能摸索出更多具有參考價值和實用價值的方法，幫助大家做好時間管理。

於是，我在創作開始之前的幾年裡，大量閱讀綜合類別的書籍，透過寫讀書筆記、寫書評等方式，將這些知識轉化為自己的。在寫書過程中，如果要引用某一個方法、觀點，我就去查閱自己的讀書筆記系統（電子、紙本版），立刻就能找出這個觀點出自哪一本書、作者是誰、是哪一個出版社出版的。

在創作開始的時候，我先列出寫時間管理書籍需要的綱要，再列出需要的資料和案例，把心智圖畫好之後，按照邏輯順序進行創作。收集資訊的工具也是文中列出的那些。

# 第 1 章　從拖延到自律：建立高效時間管理基礎

這些都是需要根據時間的先後順序完成的任務，大家可以參考我的案例，對自己某一個待辦事項進行詳細的資訊收集。

②處理。清空你的「工作籃」，讓資訊越來越少。例如，你的辦公桌上有一些有待主管簽字的文件，桌面上有 N 張便條紙，信箱裡有若干等待你回覆的郵件等。建議你先分析哪些事是需要你做的，哪些事需要別人幫助完成，從而進一步釐清自己真正需要完成的待辦事項。

③整理。建立你的 GTD 清單，在整理階段要對處理的結果進行細化，對需要做的事項進行分類。此處會用到前面所提到的「2 分鐘法則」，即對那些 2 分鐘內不能完成的事情，都應該重新整理並寫入 GTD 清單。

如何建立 GTD 清單呢？我是這樣做的：建立一個如下所示的 GTD 工作清單（你可以根據自身情況做修改）。

9:00～12:00：在公司，對客戶文創提案的第三版方案進行修改、回覆電子郵件裡的內容。需要準備：提案 PPT、回覆客戶的郵件模板。

12:00～14:00：在健身房和餐廳，完成「有氧＋無氧」的健身訓練、吃午飯、小憩 15～20 分鐘。需要準備：健身衣服、紙巾、隨身靠枕。

14:00～18:00：在公司會議室，與 A 公司洽談合作、準備下週的選題策劃會、做今天的工作總結。需要準備：會議紀要、合作方案、選題策劃兩個備選方案、工作總結文件。

18:00～22:00：在家，吃晚飯、閱讀本週書單裡的書籍、創作新文章、複習過去所學的外語知識。需要準備：學習用品、閱讀的書籍、外語書籍和聽力材料。

GTD 清單和待辦事項清單的最大不同之處在於，它把每一個事項都列出了進一步的細節。例如，根據地點（辦公室、電腦旁、家裡、購物

中心等）分別記錄只有在這些地方才可以執行的任務。這樣做的好處是：當你到這些地方之後，能夠一目了然地知道自己應該做哪些工作。

④回顧。一般以「週」為單位，對每週的任務進行回顧與檢查，這樣做可以幫助你進行清單更新，確保 GTD 系統的運作。在回顧的同時，你可以進行下一週的 GTD 計畫。

例如，在回顧自己本週工作的 GTD 清單時，你發現有少數幾項工作並未完成，你就可以先分析是主觀原因還是客觀原因，再想解決問題的方案。同時，你可以把這些未完成的事情寫在下一週工作的 GTD 計畫裡，這有助於這些事情的跟進和完成。

⑤行動。知道方法論，你就好去實踐了。你可以按照每份 GTD 清單採取相應行動，在具體行動的過程中，你可能需要根據實際工作需求、你所擁有的時間和精力的多少、工作的重要緊急程度來選擇先完成哪一個 GTD 清單。

GTD 法則，可以幫助你從混亂的諸多待辦事項中解脫出來，整理好思路重新出發，把事情一件一件做好。這種時間管理方法，也可以運用到工作和學習中。

第 1 章　從拖延到自律：建立高效時間管理基礎

## 第 2 節
## 每天利用 1 小時的專注時間，
## 讓量變引起質變

　　一天對每個人都是 24 小時，可是你為什麼有時候會覺得時間過得很快，甚至忘記了時間的存在，有時候又會覺得時間過得很慢，感覺度日如年呢？

　　其實這與你正在做的某一件事有關。這件事若能讓你感到快樂、愉悅，那麼你就會覺得時間過得很快，甚至希望時間再多一些。比如：當你讀到一本喜歡的書時，你很希望酣暢淋漓地一口氣讀完。

　　如果正在做的這件事讓你感到痛苦、沒有成就感，那麼你或許會覺得時間過得很慢，甚至希望停下來放鬆一下。比如：如果讓我去做數學題，無論何時我都會感到痛苦，甚至會逃避做數學題。

　　這是因為情緒能影響我們對時間做判斷。

　　但我們要學會成為情緒和時間的主人，而不是任由時間擺布。有時候，我們應該硬著頭皮做一些暫時讓我們感覺痛苦的事情，堅持一段時間後就能獲得更多成長。

　　如果你利用前面分享的「柳比歇夫時間管理法」記錄每天的時間開銷，你就會發現自己在哪些事情上投入的時間較多，在哪些事情上投入的時間較少。更準確地說，你需要在那些能夠長期獲益的事情上投入更多的專注時間。

　　當你看書時，手機螢幕突然跳出幾條訊息，你想只看幾分鐘的訊

第 2 節　每天利用 1 小時的專注時間，讓量變引起質變

息，等等就繼續看書。於是你把書本放下，開始看手機訊息，可是半個小時過去了，你忘記了自己還要看書這件事。

當你看到某位朋友曬出自己的健身照片時，對方透過長期堅持健身擁有的身材讓你羨慕不已。於是，你開啟一個健身 App 準備運動，卻又被朋友突然約請吃飯的訊息打亂了計畫，你準備出門赴約，卻忘記了自己應該先完成健身這件事。

隨著社會的不斷發展，我們的時間被切割成一個又一個的「碎片」。誰擁有的專注時間越多，誰就會擁有更多時間投入某件長期獲益的事情，獲得自己想要的結果。

如何擁有專注時間呢？我有一些好方法與你分享。

## 1. 從每天專注 1 小時開始

為什麼是 1 小時，而不是 30 分鐘、2 小時，甚至更多呢？

因為如果專注時間太短，你不一定能快速進入「心流狀態」。所謂「心流狀態」，就是一種把個人精神力完全投入某種活動的感覺（關於「心流」的介紹詳見第 2 章），但若專注時間過長，你中途可能容易恍神至感到疲倦。每天專注 1 小時，你會獲得一定的成就感，這等於不斷為你想達成的目標做累積。在制定每天專注 1 小時的目標時，你可以在初期為自己設定一個有點難度的目標。你要明白，做事貴在堅持，制定目標後，重要的是嚴格執行它，在這個過程中不能三天打魚兩天曬網。

每天專注 1 小時，可以從你喜歡、感興趣的事情開始，透過專注時間產生正向回饋，讓你堅持下去做好每一件事。你若喜歡運動，卻又為下班後沒有那麼多時間運動而煩惱，不妨嘗試把「每天專注運動 1 小時」

當作你的初期目標。你若喜歡學外語，不妨利用每天下班後的 1 小時專注學習它。

在這段專注時間裡，你要盡量排除外界干擾，以提升效率。你可以在學習、看書、專注工作時把切斷電腦的網路，將手機調至靜音或震動狀態，暫時中斷自己與外界的連繫以防干擾，待結束後再恢復。

我在寫文章的初稿時會切斷電腦網路，只專注於寫作這件事。你也許會好奇地問：「寫作需要查閱資料，沒有網路怎麼辦？」

我一般會先專注寫作，待修改文章時再用網路查閱相關資料、書籍等。寫初稿時一定要保持專注，修改二稿、三稿時再查閱也不遲。我認為，寫作靈感轉瞬即逝，外界的干擾會影響我寫作的進度。想要捕捉靈感，唯有專注。

讓我們一起努力，每天專注 1 小時。

剛開始時你可以用手機設定一個「1 小時專注鬧鐘」，讓自己在這一個小時裡專注完成既定目標，對其他事可暫緩或延後，盡量不要受外界干擾。

曾經，我每天都有許多工作等著完成，也為自己的工作時間和生活時間如何平衡而感到焦慮。我多次運用「1 小時專注鬧鐘」法完成寫作、健身、閱讀等目標，效果都很不錯。

## 2.「番茄時鐘法」助你專注 1 小時

接下來與你分享「番茄時鐘法」，它能助你快速進入專注狀態，如圖 1-5 所示。

第 2 節　每天利用 1 小時的專注時間，讓量變引起質變

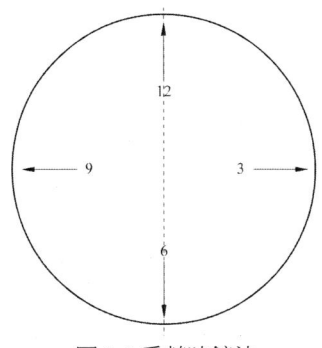

圖 1-5 番茄時鐘法

1 小時等於 60 分鐘，如果把 1 小時視為一個番茄鐘的時間，你可以用半個番茄鐘的時間（30 分鐘）專注 25 分鐘，放鬆 5 分鐘，對另外半個番茄鐘的時間（30 分鐘）再專注 25 分鐘，放鬆 5 分鐘，從而以最高效率利用一個番茄時鐘的時間。

你可以根據實際情況安排自己的番茄時鐘。例如，你可以專注 50 分鐘，放鬆 10 分鐘；也可以專注 55 分鐘，放鬆 5 分鐘。此方法的最終目的是讓你能夠勞逸結合。

為什麼要這樣做呢？原來，我們的大腦有一個疲倦期，如果大腦長期處於高強度集中精神的狀態，得不到放鬆，它就會漸漸感到疲倦。如果你一整天都待在圖書館，既不補充食物，也不做適當的休息，那麼你會發現學習效率漸漸降低，最後甚至想趴在桌子上睡一會，不想讀書。要想在專注時間內提升效率，你就要學會勞逸結合。

番茄時鐘法適於每一個人，無論是學生還是職場人士，都可以根據自己的實際情況增加或者減少番茄時段。

番茄時鐘法還能夠幫助你緩解焦慮和拖延。如果你在每次的番茄時間裡都能完成當天的一些待辦事項，那麼當你把多個番茄時間裡的任務都完成時，你就不會那麼焦慮了。

第 1 章　從拖延到自律：建立高效時間管理基礎

有段時間我的工作特別忙，每週都是「行程滿檔」：去各家公司開會學習，簡報提案給客戶，下班後健身，以及寫文章更新至媒體平臺。事情太多讓我感到十分焦慮，真希望自己能有多個分身，每個分身都能去做不同的事情。可當我運用了「番茄時鐘法」後，這些焦慮就不存在了，我的待辦事項都能依序完成。

比如，在工作「滿檔」時，我沒有太多時間健身，但我又想透過健身保持一定的活力。於是我轉移辦公陣地：白天帶上電腦在健身房辦公，暫時把健身房當辦公室。我利用番茄時鐘法，工作 50 分鐘後便起身運動 10 分鐘，如此循環下去，利用一個上午（或者下午）的時間，就可以把一些工作完成，同時身體也得到了一定的訓練。我的因為工作忙而沒有時間運動的問題，就這樣透過番茄時鐘法解決了。白天，健身房的人較少，我即使工作，也不會受到太多干擾。我希望自己以後能夠擁有大的辦公室，可以把健身器材放在辦公室裡，實現工作和鍛鍊的勞逸結合。如果你心中有一個長期奮鬥的目標，就能更好地做時間管理。

## 3. 制定 21 天和 100 天的專注 1 小時計畫

當你學會了每天專注 1 小時以及利用番茄時鐘法，幫助自己在專注的同時勞逸結合之後，你就可以制定一個更有挑戰性的專注計畫：分別用 21 天和 100 天的時間，每天專注 1 小時。

為什麼是 21 天呢？這是因為曾有科學研究團隊經過長期做實驗得出一個結論：培養一個新的習慣，大約需要 21 天。

那是不是一定要等到第 21 天的時候才能養成一個習慣呢？並不是，你可能在第 19 天的時候就已經養成了，也可能需要在第 25 天才能養成。

## 第 2 節　每天利用 1 小時的專注時間，讓量變引起質變

21 天是大部分人養成習慣的平均時間，你可以試著替自己制定一個「21 天每天專注 1 小時」的計畫。

比如，你希望在 21 天的時間裡每天專注 1 小時背單字，就可以把這個目標寫在筆記本上並嚴格分配每天的時間。我提倡在上午的時間背單字，這是因為一日之計在於晨，早上起來之後人的頭腦清醒，而背單字需要專注，會花費時間和精力，所以這個時段對我很合適。你可以採用「艾賓豪斯遺忘曲線法」輔助自己背單字，即把每天需要記住的新單字和複習的舊單字安排好，按著計畫去執行，並保證每天的專注時間。你若能嚴格按照規定的時間專注做好每一件事，一般到第 21 天時，你就會感受到時間帶來的複利效應 —— 你的詞彙量在不斷成長。

待第 21 天完成既定目標後，你可以選擇繼續把這件事堅持下去，或者重新開始一個新的目標。

如果你要考證照進行或新技能的學習，建議你制定一個「100 天每天專注 1 小時」的計畫，即用 100 天的時間完成一個有挑戰性的目標。考證照、學習新技能，需要你花費一定的時間和精力，且需要長期堅持。這類事情短期內可能並不容易看到效果，但長期堅持下去，就會產生「量變引起質變」的效果。

在這 100 天的時間裡，你不用每天都在同一個時段做這件事，你可以根據實際的專注時間靈活安排，確保每天都能專注 1 小時，盡量避免各式各樣的事由暫停這個專注計畫。

你可以這樣安排：在第 1～20 天，每天上午擁有 1 小時的專注時間完成這個專注計畫；在第 21～30 天，將這個時段調整到晚上；在第 31～35 天，將這個時段調整到中午……只要你堅持每天專注做好這件事即可。

## 第 1 章　從拖延到自律：建立高效時間管理基礎

我不太擅長運動，甚至有段時間一直都不願意運動，即使知道運動好處多多，我也一直拖延。後來透過設定「100 天每天專注運動 1 小時」計畫，做好時間管理，我居然完成了「每天運動」這件看似不可能完成的事情。我會根據自己每天工作的實際情況安排一個時段進行運動。比如，上午去開會學習或見客戶，下午在公司完成提案工作，晚飯後做運動；如果上午時間充裕，我會在完成一部分工作後用 20 分鐘的時間做運動。

每天運動 1 小時，在 24 小時裡都可以靈活安排。若是涉及學習的專注時間，建議你將其安排在效率較高的時段。

有的讀者可能會問：「我每天工作都很忙，抽不出 1 小時的專注時間怎麼辦？」

如果你無法擁有 1 個小時的專注時間，你至少可以抽出 30 分鐘時間。有一句話讓我印象深刻：「抽不出時間運動，遲早要抽時間去醫院；抽不出時間談戀愛，遲早要抽時間去相親；抽不出時間學習看書，遲早要抽時間走更多彎路。」

你每天的工作再忙，30 分鐘的時間總能擠出來。

一名暢銷書作家曾經在自己的書裡問自己：「如何抽空讀書和觀影？」他一直在堅持寫作和旅行，每年都會制定一個新目標，讓自己變得更優秀，終於成為一名暢銷書作家。他如果不花時間專注於閱讀、寫作，就不會有名作問世。

忙碌是暫時的，人總會有休息的時候。你心中有一個長期目標，當你明白它對你有好處時，自然願意抽時間完成它。

知識、技能的累積就像滾雪球一樣，當你在某個領域投入時間和精力，找到一個前進的方向，累積知識的複利效應就會顯著提升。

> 第 2 節　每天利用 1 小時的專注時間，讓量變引起質變

願你早日找到人生中的那個要滾的「雪球」，努力朝正確的方向前進，待到時機成熟時，就能把「小雪球」變成「大雪球」。

第 1 章　從拖延到自律：建立高效時間管理基礎

## 第 3 節
## 合理利用業餘時間，不斷自我提升

「時間就像海綿裡的水，只要擠一擠還是有的。」

這句話我們從小就聽說過。有些人總是說自己沒時間，工作忙或學習忙，但時間是公平的，關鍵是如何利用業餘時間潛心修練內功，超越同齡人。

「工作後人與人之間的差距其實更多是在下班後拉開的。業餘時間花在哪裡，成果就會在哪裡呈現。」

社會上的族群按職業生涯不同可劃分為三類：學生、職場人士和退休老年人。下面針對學生和職場人士這兩類族群，提供幾點利用閒餘時間的技巧。

### 1. 學生族群的課餘時間

相對於職場人士而言，學生的時間特點如下：

A. 作息規律，起床和睡覺時間基本上是固定的。
B. 上課和下課時間固定，週末休息時間固定。
C. 有寒、暑假時間用來培養興趣愛好。
D. 固定運動時間（有體育課）。

這些時間都相對固定，因此學生族群的業餘時間就容易劃分並進行詳細規劃。

## 2. 學生族群的業餘時間規劃方法

學生如何高效利用課餘時間不斷地自我提升呢？建議學生以「天」為單位，每天對課餘時間進行規劃。接下來我以四個板塊講解具體方法。

（1）起床後和睡覺前。學生起床要養成自律的習慣，鬧鐘響一次就起來。這樣每天可節省至少 10 分鐘的賴床時間，把時間花在有意義的事情上。

學生起床後可花 1 分鐘的時間，嘗試每天上午對自己和家人說一句名人名言或背一首古詩詞，這樣不僅可以加深對知識的印象，還可以讓自己的大腦迅速進入思考狀態。大腦一旦從半睡眠狀態進入思考狀態，便開始認真工作，學生的學習效率便會漸漸提升。

如此長期堅持下去，就會達成「量變引起質變」。

睡覺前的時間安排。每天晚上花 5～10 分鐘準備第二天早上出門時穿的衣服，檢查自己的書包是否收拾好，以避免第二天因出門慌張而遺漏物品。

睡覺之前花 5 分鐘時間規劃自己第二天的學習任務，比如上午該複習哪些知識點，下午該請教哪位老師。提前規劃好第二天的學習任務，每天的目標就會變得更明確。

（2）上課前和下課後。無論是中、小學生還是大學生，每個學期都有自己的課程表，你可以在課程表的基礎上規劃自己的課餘時間。

每天上課之前（到達教室之前），個人建議可以將課餘時間分為「在家閒餘時間」和「在路上的課餘時間」。

一天之計在於晨。早上我們頭腦清醒，適合用來思考和學習。在家起床後的閒餘時間，你可以一邊聽英語一邊盥洗，讓自己的耳朵熟悉所

學的英語知識。如果在家吃早餐，你可以一邊吃早餐一邊聯想前一天所學的內容。若你有需要複習的知識點，也可以利用這段時間簡單回顧。

在路上的閒餘時間指你乘坐交通工具去學校的時間。如果家長開車送你去學校，車上相對而言比較安靜，在路上你可以做英語聽力練習，提前準備好相關的素材，讓家長在車上播放即可。如果是乘坐公共交通工具，在不太嘈雜的情況下，你可以攜帶一副耳機，打開聽力素材後靜下心聽。如果環境嘈雜，可以放下耳機試著回想那些你不容易記住的單字。如果覺得想睡，你可以用這段時間小憩一會。

總之，只要對這段上課前的業餘時間合理利用，常年日積月累，你就可以複習許多知識並讓它們形成長期記憶。

課後的業餘時間，個人建議用來查漏補缺。這裡的業餘時間，不是指課間休息時間，而是最後一節課下課後的休息時間。例如：中午下課午餐後會有一小段休息時間，如果有 30 分鐘的休息時間，你可以安排 15 分鐘時間複習上午所學內容，再用 15 分鐘進行午休。這樣勞逸結合，不僅能讓你溫故而知新，也可以使你疲倦的大腦和身體得到適當休息，下午有更多精力學習。

(3)寒、暑假。這個時段很寶貴，可以安排自我提升的時間。

如何安排寒、暑假進行時間管理，實現自己的目標呢？

雖然不同的學校放假時間各不相同，但至少有 10～20 天。你可把寒、暑假時間分為三個時段：學習時間、心流時間、實踐時間。

第一個時段：學習時間。顧名思義，這個時段你可安排學習新知識和做作業，全神貫注地看書學習。年紀較小的學生，最好在家長的陪同下學習。家長可以在孩子做作業時在一旁看書，但盡量不要玩手機。年紀較大、能獨立學習的學生，在這段時間可以暫時切斷與外界的連繫，

手機可以放在書房外，或委託父母保管。學生要專注於讀書，把學習任務完成，再去做其他事情。

寒假，你可以把學習時間安排在每天上午，當日作業若在上午只完成了一半，在下午要盡量完成，避免拖延到晚上。晚上學習效率相對較差，此時可以幫父母洗洗碗、與家人外出散步。

第二個時段：心流時間。在這個時段，你可以做自己喜歡的事情，完全沉浸在其中。如果你是家長，在時間、精力充足的情況下，可以陪孩子一起享受這段心流時間。比如1小時親子共讀一本書，享受高品質的親子陪伴時間。你還可以選擇1小時的親子共同運動，一起走路或跑步，讓身心得到放鬆。你也可以把這段時間留給孩子自己安排。

如果你是學生，可考慮在寒假選擇一種心流時間。若想提升書法功力，你可安排每天30～40分鐘練習書法的心流時間，待寒假結束後做一個練書法的前後對比，就可以看見自己的進步情況。

我在學生時代將大部分心流時間都給了鋼琴。只要每天完成作業後，我都會抽空練習鋼琴，哪怕只有10分鐘。隨著練習次數的增加，我的鋼琴水準漸漸提升，一年比一年好。當然，我在學生時代也有不足，比如數學學科，雖然我很努力地學習，卻效果平平，成績只能用來應付考試，並不能達到預期。

無論你對心流時間學習的期望值有多高，都不要因為最終結果與期望相差太大而感到氣餒。畢竟你認真付出了，一分耕耘就會有一分收穫，是值得的。

第三個時段：實踐時間。這段時間應做一些有趣、好玩的事情，從而使自己有新的收穫和感悟。比如：你可以在家做一些有趣的科學實驗，從動手實踐中真正運用過去所學的知識，體會「知行合一」的感覺。你還

可以與朋友一起學習圍棋，這樣不僅能讓身心得到放鬆，還學習了圍棋的知識，同時培養了友情。

你甚至可以把實踐時間用在更有意義的事情上。

比如，參加公益活動，體會做公益的快樂。

或是參加一次實習活動，了解公司或社會組織如何運作，不同的職能部門都有哪些工作，團隊如何合作才能實現目標。這些寶貴的經歷和體驗都會為你的未來加分。

或是參觀博物館，學習新知識，甚至參與博物館的志願講解服務……

總之，你可以把這段時間安排給平時學業繁忙而無法體會到的有趣事情，讓你的寒假生活變得豐富起來。

(4) 閒餘時間的運動。學生每天都有許多作業，但又不能忽略運動時間，如何從忙碌的學習中抽出時間進行運動呢？

除了每週課程表中的體育課，你還可以利用以下閒餘時間鍛鍊。

①課間休息的 5～10 分鐘。這個時間，不建議你寫考題或者複習，最好離開座位去做一些簡單的放鬆運動。人的大腦如果一直處於高強度的學習狀態，它就會感到疲倦，導致學習效率降低。如果你一直處在緊繃的學習狀態，可能漸漸會感到「大腦不夠用」，回想不起剛學過的知識，甚至昏昏沉沉想睡覺。此時大腦是在提醒你，應該放下手中書籍或試卷起來活動了。你可以和同學一起在教室外做一些簡單活動，也可以起身在原地做一些放鬆肩頸的活動。

如果你感到十分睏倦，卻不想運動，可以趴在桌子上小憩一會，讓大腦得到休息。

②晚飯後 1 小時的時間。吃完晚飯，不宜立刻進行運動，因為那會使我們的身體感到不適。此時你可以先做作業，60 分鐘後再運動。也許有的學生會問：「那運動之後會不會影響做作業呢？」其實，只要掌握好運動的時間長度和幅度，二者是互不影響的，運動還能讓我們處於精神飽滿的狀態。

個人建議，這段時間可以學習 50 分鐘後鍛鍊 5～10 分鐘，再進行下一階段的學習。鍛鍊的動作要幅度適中，可以原地做簡單活動，也可以加入體育課裡學會的運動方法。在這個時段要避免劇烈運動，因為過度運動會使大腦處於興奮狀態，以致影響我們下一個階段的學習。

睡覺前 30 分鐘不適合運動，因為運動易使大腦產生興奮，會影響睡眠品質。

## 3. 職場人士的業餘時間

身為一名職場人士，無論在哪一個產業，要想成為這個產業裡 20% 的少數菁英，你就要學會充分利用業餘時間，不斷進行自我提升。

職場人士的業餘時間可分為上班前、下班後，週末，假期。

學生步入職場後會減少許多專注學習的時間，加班時間、臨時工作時間會增多。學會一些有效利用時間的方法，對職場人士的時間安排大有幫助。

## 4. 職場人士的業餘時間規劃方法

職場人士，建議以「週」為單位對業餘時間進行規劃。你要釐清自己每週的業餘時間有多少，這些時間可以用來做什麼事、學什麼知識。

為什麼職場人士不宜以「天」為單位進行規劃呢？

因為職場人士不確定自己一週內是否會有突然情況發生，例如你的本週計畫中原本沒有出差，但突然接到任務要出差三天，原先的計畫就會被打亂，所以你要預留出業餘時間，以適應突然的變化。

(1) 確認本週大約有多少業餘時間，再定本週計畫。可用簡單的辦法計算時間，如果你每週的工作時間是 9:00 ～ 18:00（週末休息），那麼工作外的時間就是業餘時間。

按照每天早上 7 點起床，晚上 12 點之前睡覺，每天工作 8 小時（休息日另算），你每天的業餘時間大約是 8 小時；若睡得再早一些，或算上每天加班的時間，你每天的業餘時間是 4 ～ 8 小時。

每週工作日時間以 5 ～ 6 天計算，那麼你每週的業餘時間是 20 ～ 48 小時。

若本週工作日的業餘時間最低值是 20 小時，你可以把一半時間用來提升自我，另外一半時間用來健身。

若本週工作日的業餘時間較多，最高值為 48 小時，你可以把這些時間分為四個板塊：心流時間、賺錢時間、實踐時間、運動時間。

①心流時間。這段時間你要充分利用，它也是在職場上拉開人與人之間差距的時間。定一個小目標，比如用半年的心流時間考相關職業證書。如果準備考證照需要每週花費 20 個小時的業餘時間，那麼你每天應該至少花 3 個小時在這件事上，才能夠達成既定目標。

第 3 節　合理利用業餘時間，不斷自我提升

②賺錢時間。這裡的賺錢時間不是指你每個月在本職工作上花費的時間，而是指你的副業或兼職所花費的時間。如果你想讓副業收入多一些，就要從業餘時間裡支出一部分給副業。不過，你要權衡好利弊：如果花太多時間在副業上，是否會影響到自我提升的心流時間，長期下去是否會帶來更多不利因素。你是希望先謀生讓收入多一些，還是希望透過學習知識考取證書來提升自己呢？只有想清楚某段時間的分配，才能做出更適合自己的選擇，合理分配和管理時間。

③實踐時間。相比學生而言，身處職場的你擁有更多實踐時間，你可以把書本、課程裡學習到的知識快速運用到實際工作，幫助你解決工作中的各式各樣的難題。你可以自由安排自己的實踐時間，若想學習較難的新領域的知識，那麼你的實踐時間或許要安排得多一些。

④運動時間。這部分時間必不可少。隨著年齡的增加，身體的新陳代謝速度會漸漸減慢，如果不配合運動來調節，時間久了身體可能會出現一些小問題。如果你仔細觀察就會發現：有的人在大學裡曾經身材非常好，但是工作幾年之後身材就走樣，加上長期不運動，整個人的精神狀態也會略顯低迷。但也有的人能夠長年保持好身材，其背後的祕密就是合理安排運動和飲食。我曾經是一個不愛運動的人，能坐車就不走路，能坐著就不站起來。但是面對電腦久坐後，頸椎漸漸開始不舒服，後來發展為頸椎病。經過一番痛苦的治療，康復之後，我下決心每週都要運動。正是這段經歷讓我覺醒：沒有什麼比身體健康更重要，唯有好好運動訓練，才能保持身體健康，充滿活力地工作和學習。

如何把這些時間分配到每週呢？

每個人可根據實際情況安排，如果上一週的心流時間和賺錢時間較多，那麼本週可多安排一些運動時間。個人建議運動時間無論長短，每

週盡量都安排到位，且要嚴格執行，待養成習慣後你會感受到運動帶來的快樂。

（2）上班前，下班後，積少成多也可做一些事情。每個人的工作時間都不相同，你可以結合自己的實際情況安排自己的時間。下面以大多數人的上、下班時間為例進行說明。

若每天早上 9 點準時上班，你可提前 5～10 分鐘到辦公室，利用這段時間梳理自己當天要完成的工作——可使用時間管理法裡的「四象限法則」。

如果你願意每天早起 30 分鐘，恭喜你已經比大部分人多擁有了一段專注時間。你可以用它看書學習、看時事新聞，讓自己保持終身學習的狀態；也可進行瑜伽、健身操的訓練，讓自己活力滿滿。

如果每天下午 6 點下班（部分產業除外），你還有一些工作需要加班到晚上 8 點才能休息，那麼在這段時間，你可以先做一些自己熱愛的小事，調整為正向狀態，再從事心流時間或賺錢時間的事項。比如讀一首詩、唱一首歌、和好友打一個電話……這些小事簡單又輕鬆，且能使你擁有愉悅的心情。

工作一天後我們的大腦和身體會感到疲倦，此時用積極的方法調整好狀態，對於做事會很有幫助。這段時間雖然很少，但每次多安排 10 分鐘調整狀態，你可以更集中精力做重要的事情，並且不會一直處於疲倦的狀態。

如果某一天下班後你的狀態欠佳、做什麼事都缺乏興趣，那麼就偶爾讓自己放空一兩個小時吧。此時你不妨放下手機、拋開一些負面情緒，嘗試去聽輕音樂、看喜歡的書，把狀態調整好再出發。當然，你也不能一直以自己的狀態不好為由，為自己的拖延找藉口。

### 第3節 合理利用業餘時間，不斷自我提升

狀態不好時要先調整，在利用業餘時間的過程中，千萬不要給自己太大的壓力，要盡力而為。

(3)讓週末時間，成為快樂的泉源。如果你週末要加班，就很容易感到疲倦，這個週末於你而言和工作日沒有什麼不一樣。不妨換一個角度思考：工作永遠做不完，既然週末要工作，不如換一個場景、換一種方式工作。

現在我正處於創業階段，全年無休，連週末和假期都沒有，外出隨時攜帶著電腦，可能下一秒接到客戶的訊息便需開啟電腦工作。但這並不代表我一直處於沒有休息的痛苦狀態，我會利用這段時間重新安排其他事項。

週末工作，我會嘗試換一個場景或環境，離開辦公室，找一個自習室、咖啡館或公共空間完成工作。同樣是工作，由於換了場景，我就會有新鮮感，而不是一直處於熟悉的環境中。

這一做法給了我一些新啟發。我寫文章的靈感很多時候是在公共空間裡產生的。我聽旁人在討論一些話題，可能下一秒就捕捉到有關的選題可以寫成文章；若是在生意不好的咖啡館，透過觀察，一些細節可能會引發我的思考：這家店生意不好是因為什麼？隨後我會有感而發寫成關於創業的文章……如果我整天都坐在辦公室工作，是無法創作出這樣的文章的。

如果週末你在辦公室完成工作才離開，那麼可以換一種交通工具。比如平時你開車，那這次可換成騎腳踏車，放慢腳步，學會欣賞沿途的風景，換一種新方式回家，調整心情。

(4)假期時間。我們不妨利用假期重新整理思維。

如果假期你想放鬆，安排好行程後，不妨帶一本時間管理手冊，記錄每一個節日的時間安排及收穫。記錄一段時間後，你或許會發現原來

第 1 章　從拖延到自律：建立高效時間管理基礎

自己的部分時間可以獲得更好的安排。

透過記錄時間你會發現，原本假期乘坐高鐵出遊的幾小時空閒時間，不玩手機而是用來看書，自己就能看完一本書。

我在寫第一本書《學習，就是要高效：時間管理達人如是說》時工作很忙，於是我在公車、捷運、計程車上抓緊一切可利用的時間提煉各章節主題的內容，等回到家後再根據章節主題一個一個去創作內容。

如果業餘時間你沒有出行計畫，那麼可以在時間管理手冊中寫下「親友關懷時間」計畫——把你的時間分配一些給身邊的朋友和家人。平時大家工作都很忙，不一定有時間聯絡，而此時大部分人都在休息，正好抽出時間連繫感情。

我是在實際運用時間管理手冊的過程中才深刻理解假期的重要性的。我會安排一些時間給家人和朋友，同時也享受放鬆的時光。

無論怎樣做時間管理，原則之一就是「勞逸結合，張弛有道」。不要讓自己一直處於緊繃的狀態，也不要讓自己一直鬆懈，要合理利用時間，不浪費光陰。

## 第 4 節
## 碎片時間不浪費，工作學習更高效

在當下現代化分工非常明確的社會，我們的時間被碎片化，每天下班後的 30 分鐘專注學習或閱讀成了一件奢侈的事。許多事情想要做卻沒時間，我們漸漸變得焦慮。說實話，我也有過類似感受，也曾因工作過度忙碌沒有時間進行自我提升而感到懊惱。所以我在不斷學習如何利用碎片時間完成自己每天的工作任務和學習目標。

身為一名時間管理書籍的作者和創業者，我也一直在學習各類時間管理方法，也在思考在高強度的工作中，如何合理利用碎片時間完成任務。接下來我將與大家分享一些時間管理經驗。

### 1. 在飛機、高鐵、火車上

如果你能夠合理利用自己的碎片時間，就已經超越了 70% 的同齡者。要管理好自己的時間，只有合理分配工作或學習，才能更好地實現自己心中的目標。根據不同的場景，我設定了不同的時間管理方法。碎片時間可分為「短碎片時間」和「長碎片時間」。在高鐵、火車上的時間屬於「長碎片時間」，因為途中的時間可能至少有 2 小時，其間受外部干擾較多。比如：旁邊座位上的人用手機看影片時，影片聲音會影響你；中途吃飯及人員流動上、下車等，也會影響你。這段時間我會用來工作或閱讀。

## 第 1 章　從拖延到自律：建立高效時間管理基礎

在這個時段，考慮到周圍環境的嘈雜，我會選擇閱讀一些簡單易懂的書。例如我每次出差都會在高鐵上讀一些暢銷書，而不是讀學術類書籍。學術類書籍較難，我會選擇專注時間閱讀。

閱讀期間，我會在書中做筆記（如果是借來的書，我會在自己的筆記本上做讀書摘要），閱讀完後寫下自己的思考。我會先把這些簡單的靈感記錄下來，待出差結束回家後，再挑選一段專注時間，把它們整理成讀書筆記。

我習慣在出差期間隨身攜帶幾本紙本書和一個電子閱讀器，以便隨時切換紙本書和電子書的閱讀，並整理筆記。因公出差時，我會隨身攜帶電腦，以便隨時工作。處理事情的優先順序是按照時間管理方法裡的「四象限法則」：緊急重要、緊急不重要、重要不緊急、不重要不緊急。根據事情的重要和緊急程度，分別把一些待辦事項列入不同象限。如果同時面臨工作任務和個人任務，我會優先選擇處理工作任務，再處理個人事務。例如：我會先完成客戶公司的活動方案，再進行我的官方帳號文章創作。

由於前期經過特別練習（大量出差路上的實踐經驗），我可以在相對嘈雜的環境裡專注地完成手頭上的工作，不會受到外界太多干擾。我建議大家剛開始利用碎片時間工作時可嘗試採用我的方法，時間不要過長，感到累了或無法專注時就停下來，過幾分鐘再嘗試繼續，直到不能堅持為止。循序漸進，多嘗試幾次，效果便會越來越好。我就是在不斷實踐過程中漸漸培養了在嘈雜環境中工作的能力。若你不能在短期內做到在嘈雜環境裡專注地工作和閱讀，也不要浪費這段時間。你可以用這段時間看手機新聞、電子雜誌，或者回覆工作上的郵件、訊息等。你若感到非常疲倦，小憩一會也是一個不錯的選擇。對於常年奔波在外的人

來說，利用好這段時間確實能夠節省一些時間。比如我經常出差，如果不在路途中工作，那麼可能當天晚上就得熬夜工作，因為下車、下飛機後，還要與客戶溝通交流，結束會面後已到晚上，本想休息，但考慮到工作還沒有完成，只好硬著頭皮熬夜工作。但如果我在路途中完成了大部分工作，晚上，就可以安心休息。許多創業高手也是合理利用碎片時間的專家，他們在出差路上會完成好幾項工作。

這些碎片時間你用來做什麼工作都可以，但盡量別浪費它。

## 2. 乘坐計程車時

出門在外的人離開飛機、高鐵、火車之後，通常還有一段時間才能到達目的地。雖然時間長短不定，但依然屬於碎片時間。從叫車軟體派單，到計程車司機接單直至趕來通常會有一個預估時間，比如 10 分鐘左右。我會利用這段時間打電話、查資料、回覆工作方面的訊息或郵件等，做一些相對簡單的事情。比如我有一次出差，在號稱「九彎十八拐」的道路上，用手機完成了一篇文章的初稿。當時道路盤旋，我坐在計程車上，看手機螢幕會覺得頭暈，沒辦法寫太多字。但為了保證官方帳號及時更新，我便用照片加簡短文字的方式寫了一篇文章，雖只有 1,000 字，卻能讓大家知道我的近況。有時候我會用語音輸入法，透過這種方式轉化為文字，先保留初稿內容，待回到飯店或公共空間時，再抽 20～30 分鐘時間將內容整理成一篇文章。

若是公路筆直暢達，我會利用這段碎片時間在計程車上完成回覆訊息、郵件或打電話的工作。比如我有一次長時間出差，比較少打電話回家，便利用叫車 10 分鐘這段短暫的空閒時間傳訊息問候家裡。不能及時

第 1 章　從拖延到自律：建立高效時間管理基礎

回覆客戶的訊息時，我會用這段空閒時間和客戶一一解釋。我經常和朋友們開玩笑說，他們沒收到我的回覆是常態，因為我不是在路上，就是在轉車。我的一位企業家朋友的行程安排比我還滿，看了他的行程表，我自愧不如。對方凌晨 5 點起床，一天前往 3 座城市談合作，回家時已是深夜 2 點。他全年無休，365 天隨時處於待命狀態，是因為「在其位，謀其職」。他之所以拿高薪，是因為把時間和精力都花在了工作上，此所謂「一分耕耘、一分收穫」。其實有時候我也想偷懶，但想想身邊的人都如此優秀，自己有什麼理由不努力做好時間管理呢？我分享這個例子不是提倡大家熬夜，而是希望透過學習別人身上的優點，再結合自身情況制定出適合自己的有效利用時間的方案。

## 3. 等人的碎片化時間

我經常在等人的碎片化時間裡做一些力所能及的事，比如寫手帳、讀書、看新聞等。

在這一點上，我很欣賞巴菲特（Warren Buffett）的合夥人 —— 查理·蒙格（Charlie Munger）。他是一位時間管理達人，透過網路上他的部分資料和他的《窮查理的普通常識》（Poor Charlie's Almanack）一書，你能學習到他的時間管理方法。他每次開會會至少提前 10 分鐘到達會議室，用開會前的時間讀資料、新聞等；他每天上班都提前 20 分鐘左右到達辦公室，泡一杯咖啡後便開始讀當天的財經新聞，這個習慣保持了很多年。

我們可以向查理·蒙格學習如何合理利用碎片化時間。

下面我再分享幾個身邊朋友的案例。我的一位講師朋友，我在 2016 年認識了他，從那時起到現在，他一直堅持做時間管理。他在讀大學時

## 第 4 節　碎片時間不浪費，工作學習更高效

開始創業，常年為各大企業進行海報製作培訓，還曾擔任過大型集團的講師，是一位很優秀、懂得自我管理的人。出於工作原因，我們曾經在不同的城市碰面，每次見面他都不會遲到，無論颱風下雨還是塞車，他總會提前到達，這一點讓我深感佩服。他會提前到達現場，說明他尊重每一次見面的人，也重視見面的成效。他會在提前到達的時間看書或者處理工作上的事。我還有一位朋友，是某大學的老師。他在出差期間會利用碎片化時間透過電腦完成一些工作、在計程車上查詢資訊等，也是一位時間管理高手。

下面分享一個反例，大家可以反思自己是否有類似的情況，有則改之，無則加勉。2021 年 6 月，有位新認識的女孩找我談專案合作，她比我們約定的時間遲到了 40 分鐘，事前她沒有告訴我她為何遲到，在會談結束後才解釋自己遲到的原因，並且她認為遲到不是一個大問題。身為一名專案負責人，你連自己的時間都管理不好，又怎麼能管理好你的團隊？又如何讓合作方相信你的工作能力呢？尊重別人的時間，才能獲得更多的成功機會，許多時候細節決定成敗。

在做時間管理的這些年裡，我也在不斷思考如何讓更多的人學習時間管理方法，又如何幫助更多人成長。我不斷學習和實踐，在實踐過程中總結經驗。我希望讀者朋友能把以上這些好方法分享給身邊的朋友，讓更多人受益。

誰最擅於利用碎片時間，誰就能不斷提升自己。

提升自我的路上需要時間，也需要耐心，希望大家都能做好時間管理，不斷提升自己，每一年都能達到一個新階段，擁有更廣闊的視野。

## 第 5 節
## 制定工作和生活的
## 年、月、週的時間管理計畫

每到年底我們總會感慨時光飛逝,許多事情還沒做,一年又過去了,期望在新的一年裡美夢成真。新年伊始又會許下自己的心願。

如何讓每年許下的願望最大程度地實現呢?又如何在年底時給自己交一份滿意的答卷?你需要一份科學、可行的時間管理計劃,幫助你實現願望。

無論是制定哪種計劃(年、月、週),建議你先準備一張白紙(尺寸不限),在一個安靜的環境裡開始撰寫。暫時騰空大腦,放下焦慮。

### 1. 年度時間管理計劃

首先在紙上列出你這一年的願望,此時不要思考它們能否實現,只要把你能想到的都寫出來即可;寫完後按照想實現的先後順序用數字對它們依次做標註;再根據當年的時間、精力對這份表單的願望進行刪減。我們每年的願望很多,但真正能實現的每年或許只有三四個。有些願望我們可以暫緩,放到第二年、第三年去實現,而有些事情無論如何當年都要拚盡全力實現。

你可以按照工作和生活這兩方面,對目標進行歸類。

第5節 制定工作和生活的年、月、週的時間管理計畫

(1)生活中的目標。例如，你在紙上一共寫了當年的10個心願或目標，其中最想實現的有3個——考研究所、多讀書、堅持健身，可把其他的目標暫緩或刪除。因為完成某些目標是有難度的，你需要花費大量的時間、精力，所以對於心願清單裡的「學習跳芭蕾和去兩個地方旅行」可以暫緩，下一年再實現也不遲。有選擇地放棄，才能做好時間管理。

(2)工作上的目標。例如，完成100個客戶的客戶關係管理，月薪資上漲2,000元，公司年營業額達到100萬元，等等。這些都是你工作上努力的方向，對其明確後你才能取長補短，知道自己該如何找同事、盟友一起實現目標。

讓目標可量化、可執行。在制定年度目標時，把目標寫下來可以讓目標變得更清晰，有助於目標的實現。例如，「今年要多讀書」這個目標可以變為「今年閱讀50本書（甚至更多）」，你知道自己一年能夠讀多少本書，便會選擇合適的方法合理分配閱讀時間。你也可以挑選合適的書籍列成書單，分批次每月閱讀幾本。

你把工作目標和生活目標寫下來後，可以貼在家裡或辦公室顯眼的位置，時刻提醒自己不要忘記。

接下來你要做年度計畫拆解，把小目標分配到每一個月中。

## 2. 月度時間管理計畫

平時工作和學習任務會占據我們一天之中的8～10小時，再加上吃飯睡覺的時間，留給我們實現年度計畫目標的時間少之又少。制定一個科學化的月度時間管理計畫，對於實現你的年度計畫有很大的幫助。

第 1 章　從拖延到自律：建立高效時間管理基礎

想要實現年度目標，首先得明白每個月自己在這方面大約要花費多少時間，學會放棄一些不必要的活動，把時間留給大型目標。

下面以考研究所這個大型目標舉例說明。如果你想考國內的研究所，那個你是否可以把報名、考試的這些時間點先寫在對應月分的日曆裡呢？翻看日曆時，你要提醒自己掌握這些重大的時間點。你是否每個月都需要讀書和準備考試呢？如果考國外的研究所，你需要提前查閱不同國家的留學政策和考試的相關時間。

考國內的研究所，你需要根據自己的優勢和劣勢制定考研究所目標的月度時間管理計畫，例如：

1 月：背考試英語單字第一遍；了解目標學校和科系基本情況。

2 月：背考試英語單字第二遍；看數學知識點或相關專業考試知識點；購買歷年考古題。

3 月、4 月、5 月……

依次類推，把考研究所的目標拆解為每個月的月度目標。

每個月你都要分配時間做這些事，而不是只把它們掛在嘴邊。當你把大目標拆解成月度目標時，壓力感會減小，也不會因為準備時間不足而感到慌張。

時間＝選擇。

每個月果斷放棄一些不必要的時間支出，把節省下來的時間留給大目標，做到心中有方向，便不容易迷失。忙於工作的你，在面臨「朋友、客戶約你出去吃飯」和「在家準備研究所考試」這兩件事時，要仔細斟酌選擇哪一件，放棄哪一件。你若覺得本月自己對某個科目的知識累積還不足，就要暫時放棄一些外出活動時間，一心準備考試。

第 5 節　制定工作和生活的年、月、週的時間管理計畫

人不能太貪心，有捨才有得：想什麼事都做好，往往什麼事都做不好。

### 3. 週時間管理計畫

你已經知道把大目標拆分成小目標分配到每個月中，也知道每個月該花多少時間在這些小目標中，接下來你要把每個月的目標再分解得詳細一些。

你要計算出一個目標在每週中至少需要花費多少時間才能實現。比如 1 月和 2 月要背兩遍考研究所的單字，那麼你就可以把它安排到每一週的時間管理計畫中。一本單字書很厚，你需要掌握至少 3,000 個新詞，甚至更多。以 3,000 詞彙為例，在一個月（以 30 天來計算）的時間裡，平均每天至少背 100 個單字，至少需要兩個小時的時間背單字，才能把 100 個單字記住。以一個月的時間計算，你需要花至少 60 個小時在背單字這件事上，才能實現基本的目標。如果你還想二次複習，那麼需要在此基礎上增加更多時間。透過詳細拆分的方式，釐清你每天的工作和學習之餘的時間花費，能讓你清楚每天要累積多少詞彙。

把完成大目標的時間細分到每一週、每一天中，你會明白自己要做哪些準備，以便在年底時完成累積詞彙量的目標。只有很明確地知道自己每一天的時間該如何分配，你才能做好時間取捨。

你可以參考這個案例，為自己制定每一年工作和生活的大目標，每一個目標都要合理安排時間，精確到月度時間、週時間。在明白時間有限且寶貴後，你才能做好每一個決策。

每一年，我都用這個方法做自己的年、月、週時間管理計畫，它能

使我的工作和生活達到平衡。當某一天面臨多種選擇時，我會優先選擇完成工作目標，隨後是生活目標，最後才會做其他事。時間有限，要合理支出。

比如我在寫這本書時會把每天寫作的時間預留出來，規定自己只有把這個寫作目標達成後才可出門。預期寫作目標是全書一共寫 20 萬字，用 8 個月的時間完成，其中最後一個月修改內容，也就是說，留給寫作的時間只有 7 個月，每個月至少需要寫 2.8 萬字。以每個月 30 天來計算，平均每天至少得寫 900～1,000 個字，約 50 分鐘的時間。在寫作過程中不會每天都有靈感，為了實現這個年度大目標，無論工作有多忙，我每天都會花至少 30～60 分鐘用來寫作。

透過計算每天需要在大目標上花費的時間，並詳細規劃到每月、每週、每天，我從一開始想到寫 20 萬字就感到困難，後來明確自己每天寫 900～1,000 字即可實現目標，且有時間修改完善，我的狀態便由壓力大變為目標明確，且幹勁十足。

你不妨開始動手制定一個時間管理計畫，只要按計畫嚴格執行，事情就會一件一件變得容易實現，且井然有序。

讓我們都成為自己時間的主人，合理安排時間。

# 第 6 節
# 透過時間管理平衡工作和生活

自從投身創業以來，我的生活變得更忙碌：不僅要完成原有的工作，還需要分配時間見不同的客戶，思考公司未來的發展，做公司管理，帶新人……

我的一天 24 小時被切割成一個又一個的「碎片」，正常下班後的時間也要繼續工作。工作和生活早已沒有界限，我一直在努力平衡工作與生活的關係。

許多讀者感慨創業不易，一些朋友也會透過網路傳給我關心的話語，希望我多休息。其實，我會確保正常睡眠時間，此外將更多時間花在工作中。也有讀者好奇，我是如何做時間管理的。祕密就在下文中。

## 1. 充分利用工作之外的時間

大多數公司要求員工 9:00 上班（部分是 8:30）、18:00 下班，許多公司的員工會加班到晚上甚至深夜。工作再忙也要抽空做時間管理，只有這樣才能有盈餘的時間實現長期目標。

我一直倡導高效工作的理念，在有限時間內專注完成手頭工作，下班後才有更多時間陪家人和進行自我提升。如果團隊需要在很短的時間內完成一個專案，那麼大家一起加班，用有效率的方式完成工作後，便可恢復正常工作時間。針對具體的專案，我對員工的時間也會做具體調

## 第 1 章　從拖延到自律：建立高效時間管理基礎

整，盡量保證每個人勞逸結合。有些公司要求員工即使下班後也要在公司加班，直到老闆或主管回去了，員工才能回去。對此我不敢苟同。我更提倡效率工作的理念，透過時間管理「四象限法則」分配每天的工作，員工只要每天按時按量完成工作，就可以回去好好陪家人，即使加班也可以高效率進行工作。

（1）上班前我的時間安排。7:00 起床盥洗，其間打開手機 App 聽一些商業知識或做一些外語聽力練習。如果不見客戶，在去公司前我會自己做早餐，烤麵包，搭配一杯飲品，開啟每天的生活。這段時間我不查看手機訊息，而是依次回覆訊息。這樣做不會擔心錯過訊息，若是工作上有急事，對方會打電話給我而不是傳訊息。在此之後，我就會進入工作模式。

（2）下班後我的時間安排。若是正常下班且晚上無其他事情，我通常會在晚上 8:00 前把瑣碎事情處理完。晚上 8:00～10:00 屬於我的「專注時間」。我不能保證每天都有 2 小時，但至少能保證每週都能給自己一段專注時間。每月在專注時段我都會看書、學習、寫作、彈鋼琴。我很享受這短暫的、屬於我的時光，沒有煩瑣的工作和巨大的壓力，什麼都不用想，可以做自己想做的事。工作本來就很辛苦，我需要自我調節，讓生活變得有聲有色。

你如果是老闆或主管，肯定需要比員工付出更多時間和精力。我的習慣是：需要用電腦完成的工作，每天盡量在公司完成，不把工作帶回家。回家後的時間，我盡量留給學習，如果晚上需要和朋友吃飯，也會留出時間。

## 2. 工作時段內保持最高效率

（1）早上到公司後，我會用 5 分鐘時間梳理當天的工作。每週都有定期的會議和工作彙報，使大家都清楚各自的工作內容、公司最近有哪些事需要準備。

（2）從重要緊急的事情開始做。我自己心裡很清楚哪些事情需要在步入辦公室後完成，哪些事情可以放在下班之前完成。完成每項工作後我會記錄這項工作的時長，了解同一類型的工作大概會消耗我多少時間，以便安排未來的工作。

（3）留時間給臨時工作。每天下班前的 30 分鐘，我會留給臨時工作。對那些幾分鐘就可以搞定的事情，在這個時段去處理；也正是由於有這段時間來做臨時工作，我可以專注做好其他重要的事。

（4）今日事今日畢。我不喜歡做事拖延的人，對公司的員工也是如此，如果在規定時間內不能完成工作，也許是工作效率或工作方法出了問題，要學會從中反思和改進。在一個有效率的工作團隊裡，所有人都會根據專案進度推進工作進度，想偷懶和拖延的時候，其他人有效率的行動也會影響到你。

（5）關於專案時間的合理安排。每週我都會有一些「例行工作」，這些工作只要按照要求在規定時間內做完就好。新專案入駐，我會做好每個人的「專案甘特圖」，包括：每個人參與專案的哪一部分、在什麼時段參與、結果怎樣。我在管理方面不斷改進，努力提升大家的工作效率，釐清目標和責任。管理 10 個人的公司和管理 50、100、1,000 個人的公司相比，管理方法自然不同，應該把理論與現實相結合，不斷改善和調整。從事自由職業的時候，我只需要管理好自己的時間；創業開公司後，

第 1 章　從拖延到自律：建立高效時間管理基礎

我要管理好整個公司的時間，還要確保每個專案在各個時段的任務安排的合理性。所有的經歷都有助於你成長，你能管理的人越來越多，你才能使員工為公司創造越來越多的價值，你的時間也才會越來越值錢。

## 3. 碎片時間的利用

在每天的工作中，有各式各樣的碎片化時間，我把它們分為幾個時段。

（1）乘坐交通工具的時間。每天我在去公司的路上花費的時間是 30 分鐘，如果去見客戶則路上預留的時間至少是 1 小時。這段時間裡，如果我乘坐捷運，就會打開手機裡的閱讀 App，閱讀感興趣的電子書。我通常會看簡單易懂的書或手機裡的新聞。如果開車，我就戴著耳機聽歌或聽外語聽力訓練素材。

（2）午休時間。12:00 ～ 14:00 為休息時間，可以用這段時間吃飯及趴桌子上小憩。一般我會在 13:00 前吃完午飯，並處理郵件和手機的未讀訊息。我的習慣是對緊急、簡單的郵件在當天處理完，對不緊急且冗長的郵件在空閒時回覆。若是中午沒有特別緊急的事，我也會和大家一樣趴在桌子上小憩；若有緊急的事情，我會先處理，暫時放棄午休時間。在小憩的時段，我會思考工作、學習、生活方面的事，有時也會記錄轉瞬即逝的靈感。工作比較忙，時間被切割成碎片，這種情況更要充分利用可以休息的時間，以補充睡眠。

（3）臨時訊息處理時間。我在辦公桌上準備了一本「便條紙」，對接到的臨時訊息或電話，我會把內容記錄下來，以便後續處理。若是有緊急不重要的事，幾分鐘就可以搞定，我會放下手上的工作，處理完之後

第 6 節　透過時間管理平衡工作和生活

繼續工作。若是有了不緊急、不重要的事，我會把手頭的工作完成之後再去處理。我在工作的時候會把手機調成震動或靜音狀態，有重要的來電才起身外出接電話，以免影響他人。我會在辦公室放幾包掛耳咖啡，在感到特別睏時沖泡咖啡飲用，以使自己能精神飽滿地在工作時間內完成任務。

（4）健身時間。我曾經加入過一個「百日塑身」的健身計畫，在 100 天內每天都堅持健身。這個課程提倡用碎片時間進行高效率的心肺訓練。我選擇在 20:00～21:00 健身，堅持一個月後，我明顯感到自己手臂、腿部的肌肉漸漸顯現，再後來，腹部的肌肉也漸漸顯現。許多人認為「健身＝減肥」，他們很疑惑：我不胖，為什麼要健身呢？其實我剛開始健身時只是想保持身體健康，後來漸漸發現自己不僅身體狀況變好了，整個人也比以前看起來更有精神了。

## 4. 週末的時間安排

週末，我通常也是在工作中，只是把辦公場地換成了某間咖啡館。

有讀者在網路上留言：「丹妮，妳太拚了。」我認為這不是「拚」，而是我對自己的人生所進行的自我探索。大家覺得我「拚」，是因為看到我的休息時間變得越來越少，工作占據了我的大部分時間。但身為一名創業者，全年 365 天無休息很正常，我覺得自己不夠「拚」，是因為我明白自己與優秀管理者的差距還很大，和許多同齡創業者相比，我的公司營運得還不夠好。這不是謙虛，我非常清楚公司要想繼續活下去、走得更遠，員工和創辦人需要一起持續學習。

週末如果不工作，我便會認為自己是「世界上最幸福的人」——終

## 第 1 章　從拖延到自律：建立高效時間管理基礎

於有時間可以靜下來了，此時我哪裡都不想去，只想在家裡看書、彈鋼琴，放鬆一下。

也許有人會不理解，我為什麼要犧牲自己的休息時間呢？在我看來，既然選擇成為一名創業者，那麼就得接受工作和生活不可分割的這種狀態，不妨換個角度思考，接納每天都要工作這個事實，並調節自己的狀態。

我很少逛街，一些生活用品──只要不是急需的，我都會在網路上提前加入購物車，在適當時機選擇全部購買。工作之餘，我最常待的地方是書店、圖書館和超市，有空的時候也會做飯。逛街是一件令人輕鬆的事，但如果因此花過多的時間和精力，我的學習時間可能會減少。我和好友見面的時間一般為每次 3～4 小時，大家約好吃飯的時間、地點，分享完彼此最近的工作生活情況，又各自離開。大家的工作都很忙，且有許多事情需要處理。做好時間管理能使我們在忙碌的工作之餘定期抽空出來見面。忙碌的時候就專注於當下，大家都有空的時候再見面，分享彼此的收穫並相約共同成長。我想這也是好友之間最好的狀態──雖然平時大家各自忙碌，但你需要我時我一定在。

無論是自由職業還是創業，我隨身攜帶電腦和幾本筆記本已經成為常態。我在公司放一臺筆記型電腦，家裡放兩臺筆記型電腦，每週三個筆記型電腦的工作內容都會相互備份，硬碟裡再備份一份（一共四份），以防重要內容遺失或損壞。

我很感謝這幾年裡上司、貴人的提攜，感謝合作夥伴和各家單位的支持。因為與大家攜手共進，一起努力工作、加速成長，使我有機會成為一名教育部落客。在大家的鼎力支持下，我才有機會與讀者分享時間管理知識、出版書籍、舉辦簽售會。若不是選擇了創業，把大部分時間

投入其中，我也不會感受到挖取第一桶金有多麼不容易。知道自己的勞動力能創造更多價值，知道自己能夠帶領一群人創造更多的價值，是一件很幸福的事。

許多讀者覺得我是一位勵志青年，卻不知每一段勵志故事背後都有一次又一次痛苦的蛻變。雖然我在創業過程中經歷過許多煩心事，但無論結果如何，我都不會後悔自己的選擇。大家可能只看到了我對外展示的創業過程中獲得的一些榮譽和成就，但很少聽我提到第一次創業失敗的事。當時因為合夥人沒選對，我花了一年的時間和精力與她們糾纏，有機會也許能與大家分享這段痛苦經歷。我不後悔，正是因為有了這段經歷，讓我更加明白時間的寶貴，更願意把時間花在值得的人和事情上。

從 2010 年讀大學到現在，我透過長期堅持進行時間管理已經實現了一些有難度的願望──利用業餘時間學習多國外語、寫書、創業、當培訓講師……我希望未來能繼續提升自己，使自己變得越來越優秀。能夠按自己的意願過一生，是一件充滿挑戰而又幸福的事。

願我們都能夠管理好自己的時間，盡量平衡好工作和生活，遵從自己的意願過一生。

第 1 章　從拖延到自律：建立高效時間管理基礎

## 第 7 節
## 時間管理檢討三步法，快速實現自我升級

在做時間管理的過程中，有人可能會問：「我按照這些方法做時間管理了，如何檢驗自己的成果？又如何發現自己做時間管理的不足之處呢？我如果可以……」

我和大家一樣，剛開始做時間管理時也充滿期待和好奇，想快速檢驗自己的時間管理成果。如果只是做計劃，卻不嚴格執行、不檢討，我們是無法知道自己哪些地方做得好，哪些地方需要改進的。檢討有助於我們實現自我升級。因此，檢討也是時間管理中的一個重要環節。

如何做時間管理的檢討呢？

下面與大家分享一下三步法。

### 1.「看」計畫

怎麼「看」計畫呢？每個月的時間管理計畫裡，都會涉及工作、學習、生活等不同內容，每個方面都有比較重要的事。我們不能只做時間管理的計劃，還要學會檢討，審視計畫裡的所有事情自己完成了多少，哪些事情因為自身原因而被耽誤，哪些事情還可以增加時間，以便做得更好……

（1）以週為單位，檢視本週和上週的計畫。想知道本週時間管理進展如何，檢查你的待辦事項就一目了然。你已經清楚列出工作和生活的

第 7 節　時間管理檢討三步法，快速實現自我升級

年、月、週計畫，在完成的事情旁邊打勾，在沒有完成的事情旁邊打叉，很容易得出計畫的完成率。比如，本週你完成了 80% 的計畫，上週完成了 90% 的計畫，本週可以反思一下為什麼完成率降低了。

檢視上週的時間管理計畫中哪些事做得好，哪些事還需要完善或改進。這樣做是為了方便你查漏補缺，回顧自己上週的整體情況。

比如，上週工作裡還有部分遺漏事項，你把這些遺漏的事項寫到本週或者下週的工作計畫裡，能確保這些事不被遺忘。

(2) 以月為單位，檢視本月和上月的計畫。每一個月結束的時候，不妨花 30 分鐘回顧你的時間管理計畫，檢查是否有還沒完成的待辦事項。你可以翻看自己本月、上月的時間管理記事本，檢視每一天的時間表裡的任務安排是否妥當，哪些事情是你一直寫在筆記本裡卻一直沒有行動的。

誰都難免會遺漏一些事情，檢討能讓我們及時查漏補缺。因為每天工作和學習需要完成的事情很多，總會有一兩件事在忙中遺漏，如果不做檢討，你就不容易發現那些還沒完成的事項，可能會耽誤下週甚至下月的工作。我曾經有一個月因為工作太忙，導致遺漏了一件「重要但不緊急」的事，最終的結果是我損失了 2,000 元，這讓我心裡十分難受。吸取經驗教訓後，我每週、每月都會做檢討，檢視自己的時間管理手冊裡是否有還未完成的事項。

## 2.「做」總結

在完成第一步「看」計畫的基礎上，我們要學會「做」總結。要學會從不同角度看問題，深度剖析問題後做總結。

你可以從工作、學習、生活、健康四個方面分別做深度總結；如果你有其他劃分方案，也可以寫進去。

每個月結束後我都會從這四個方面出發做深度總結，並順手寫在時間管理手冊裡。

(1)工作方面。總結自己本月工作取得的進展，以及做得不夠好的、還可以繼續改進的地方。例如，在某個月裡，我雖然取得了工作上的新進展，獲得了一些新的合作機會，但對客戶關懷做得不夠好。所以，在下個月的工作中，我要分配更多時間用在客戶關係管理方面，以維護老客戶。大家可以根據自身的工作情況做月度工作總結。

(2)學習方面。總結本月學習的過程中有哪些收穫、哪些困難，以及下個月如何能做得更好。我有段時間出差頻繁，每週都穿梭在不同的城市，導致專注學習的時間減少了。因為學習時間不足，我感到焦慮，透過檢討，明白自己在那個月裡因為出差，導致在學習方面花費的時間少了，這是客觀原因；主觀原因是出差導致疲倦，找藉口拖延學習。所以在後面幾個月的時間裡我會多安排一些時間學習，少安排一些時間外出。我如果不做總結，就不知道自己的哪些時間安排得不合理，很可能下個月我出差頻率增加，導致學習時間越來越少，整個人就會焦慮，陷入惡性循環。

(3)生活方面。對本月做了哪些有意義的事情、學了哪些新技能、是否和不同領域的朋友見面分享收穫等，都可以進行總結。

我曾經不懂得把一部分時間分給生活，一心只顧著工作，久而久之才發現自己長期沒有和朋友們見面，和他們的關係變得疏遠。如果不是一位朋友傳訊息給我，提醒我已經好久沒見面，我還沒有意識到自己正在失去友情。工作再忙，我們也要適當安排時間留給生活、朋友和家

人。哪怕和朋友見面分享最近的收穫，或者用幾個小時健身，或者學習一個容易上手的新技能，都能讓我們從忙碌的工作中獲得幸福感。做時間管理就是為了更好地工作和生活，而不是一直「沉迷」於工作，導致自己沒時間做其他有意義的事。

（4）健康方面。只有肯花時間好好吃飯，好好訓練身體，才能有更多的精力實現心願。

對於健康，我深有感觸。剛畢業工作那幾年，為了節省時間，我經常吃外送，時間久了腸胃漸漸有不舒適的感覺。外送不及自己做的飯菜可口、有營養。由於工作久坐，長期不運動，我的頸椎和肩膀漸漸感到不適。這些都是身體對我發出的求救訊號，希望我能夠改變生活方式。之後我開始反思和檢討，意識到在未來的日子裡應該多花些時間好好吃飯、好好訓練身體。當我開始行動進行改變後，我的身體漸漸發出了正向訊號，不舒適的感覺沒有了。

我們都應該關注健康，再忙也要抽空運動。平時盡量花時間做飯，哪怕每天用 10 分鐘煮一碗清湯蔬菜麵，也好過吃外送。如果不能每天做飯，那至少點外送時選擇健康、有營養的食物。

每個月在這四個方面進行檢討，你就會清楚自己每月的時間都花在哪了，並根據實際情況靈活調整計畫。

## 3.「補」漏洞

完成前面兩個步驟，我們對每週、每月的時間安排就已經有了清晰的認知，之後，要學會「補」漏洞 —— 對於某些不合理的時間安排進行調整。

## 第 1 章　從拖延到自律：建立高效時間管理基礎

如果你希望自己下個月的運動時間多一些，首先要明白時間漏洞在哪裡。

在「補」漏洞的過程中，不要想著可以把不合理的時間都重新安排好，因為在下個月的時間表裡，依舊會有很多待辦事項，所以結合下個月的具體時間表對計畫進行調整會更好。

查看下個月的時間表，尋找哪些時段相對空閒，對這些時段「見縫插針」，把任務分配進去。比如，下個月的時間表裡，你知道自己大學畢業面臨找工作，在找工作的過程中會有一些時間奔波在路上。你就可以利用這段奔波在路上的碎片時間彌補沒跟上的學習內容。在面試途中的時間裡，你可以聽書；面試時提前 30 分鐘到達指定地點，你不會感到慌張，同時還有時間為面試做準備。

你還可以發揮自己的優勢，充分利用其他時間查漏補缺。

這些時間管理入門方法，都是我從上大學到現在一直在用的好方法，希望能對你們有所啟發和幫助。

在後面的章節中，我會分享更多關於時間管理的方法、技巧、小訣竅等，全方位幫助你管理自己的時間。這些方法簡明實用，無論是學生還是職場人士，都能快速學會。

「授人以魚，不如授人以漁。」希望大家能挑選一些適合自己的方法加以實踐，終身學習，知行合一。

讓我們一起做好每天的時間管理，讓自己成為時間的主人。

# 第 2 章
## 自我提升時間：
## 訓練出你的核心競爭力

第 2 章　自我提升時間：訓練出你的核心競爭力

## 第 1 節
## 要想修練核心競爭力，
## 就從進入心流狀態開始

創業以來，我每天都會問自己兩個問題：「你的核心競爭力是什麼？公司的核心競爭力是什麼？」這兩個問題包含著一個人和一家公司能長期發展的重要原因。

在這個競爭激烈的時代，我們應該不斷地對自己發問：「如何修練核心競爭力，才能從眾多公司、人群中脫穎而出？」

修練核心競爭力要求我們不斷地花時間全方位地自我提升，這就是本章所提倡的理念之一──你每天都要安排一段「自我提升時間」。

一個人只有沉得住氣、專心學習、在某個領域不斷累積，當機會真正降臨時才能掌握住。你如果能快速進入心流狀態，就能更好地學習和實踐，提升自己的核心競爭力。

如果你和我一樣也是愛閱讀的人，那麼你或許有過類似的感受：看到一本自己特別喜歡的書時會突然入迷，漸漸忘記時間的存在，等回過神來，發現兩三個小時已經過去了，但你覺得彷彿才過去幾分鐘。

又或者，你在沉迷自己感興趣的事情中時，發現當天自己的狀態特別好，比如彈鋼琴時的忘我狀態或寫作時一氣呵成的感覺。

如果你有類似的感受，恭喜你，你已經體會到了什麼是「心流狀態」，這是一種令人喜悅、可使人精神高度集中的感覺。這就是心流（flow）模式的感受之一。在短時間內，你會達到一種精神高度集中的狀

態，此時無論是學習還是工作，你的效率都特別高，記憶力也特別好。

但這樣的狀態對於大眾來說並不經常有。比如當你在工作的時候，開啟電腦文件，想要寫 1,000 字工作總結卻感到焦頭爛額，兩個小時很快過去了，不斷空擊滑鼠的你依舊沒有什麼新思路。

如何快速進入「心流」模式，提升自己的學習和工作效率呢？下面，結合我自己的經驗以及《心流：高手都在研究的最佳感受心理學》(Flow: The Psychology of Optimal Experience) [04] 這本好書中的方法與大家分享。

## 1. 什麼是心流狀態？

如果你想進一步了解心流，可以嘗試讀一下芝加哥大學心理學教授米哈里・契克森米哈賴（Mihaly Csikszentmihalyi）所著的《心流：高手都在研究的最佳感受心理學》(簡稱《心流》) 一書，他是心流概念的提出者。此書也給了我很大啟發，幫助我長期踐行「心流狀態」，透過實踐，我的工作和學習效率確實有很大提升。

那麼，「心流」這個概念究竟是怎麼產生的呢？

最開始，米哈里・契克森米哈賴提出一個概念 ──「熵」（讀音同「商」）。「熵」原本是一個熱力學概念，用來度量一個體系內的無序程度，也就是混亂程度。根據熱力學第二定律，在一個封閉孤立的系統裡，一切自發的物理過程都是熵增的過程，也就是從有序走向無序的過程。

當然也有一個反面的案例，那就是生命現象。它能將太陽能轉化成生物能，並從無序中發展出有序。薛丁格（Erwin Schrödinger）以物理學

---

[04] 契克森米哈賴・心流：最佳感受心理學 [M]・張定綺，譯・北京：中信出版社，2017.

## 第 2 章　自我提升時間：訓練出你的核心競爭力

家的眼光發現了大自然中的這個反例，稱之為「負熵」。負熵就是從無序走向有序的趨勢。

在《心流》這本書裡，作者基於這個理念創造了「精神熵」一詞，它表示精神體系內的結構受到資訊的威脅而產生的混亂程度。他認為「精神熵」是一種常態，一切本就無序，而這種常態的反面則被他稱為「最佳感受」的狀態，是人最接近幸福的時刻。

為了研究人們的「最佳感受」有沒有相應的規律，他曾經設計了一場實驗，邀請各社會階層以及學歷、收入都不一樣的男女老少參與實驗。他要求每人身上都佩戴一個電子呼叫器。實驗共用了一個星期的時間，安排呼叫器每天不定時呼叫這些不同的人 8 次。只要呼叫器一響，無論何時，被測試者都要盡量客觀地記錄下當時正在做的事情，並評價和記錄自己當時的心理狀態。透過實驗，他陸續收集了共計超過 10 萬份樣本。

在所有的實驗樣本中，很多人在自身「最佳狀態」之下，對於當時的狀態都有一種類似的感覺：「一股福流（flow）帶領著我，使我無比喜悅和開心。」「心流」一詞便由此而來。

作者將「心流」定義為一種把個人精神力完全投入某種活動的感覺。簡單說，心流是人們全身心投入某件事的一種心理狀態，每個人都可以體會到。

愛跳舞的人沉浸在舞蹈中，愛閱讀的人沉迷於書本，愛跑步的人專注於跑步這件事……每個人找到自己的「心流」狀態後，都會沉迷其中，忘記時間的存在。

## 2. 心流狀態有哪些特點？

米哈里在書中是這樣描述心流狀態的：「自己完全在為這件事情本身努力，就連自身也都因此顯得很遙遠。時光飛逝，你覺得自己的每一個動作、想法都如行雲流水一般發生、發展。你覺得自己全神貫注，所有的能力被發揮到極致。」

心流狀態又有哪些特點呢？

A. 覺得喜悅。能夠快速從現實／嘈雜環境中脫離出來，從而進入開心愉悅的狀態。比如，有人之所以能在嘈雜的環境中看書，是因為他透過長期的刻意練習，讓自己能夠快速適應此環境並進入心流狀態。

B. 全心沉迷。進入全神貫注的狀態，你只沉迷於目前正在做的那件事，腦海裡並沒有其他雜念。我在彈鋼琴和寫作的時候也有「全心全意」沉迷其中的感覺，忘記了周圍是什麼，忘記了自己在哪裡，腦海裡只有正在寫作的內容或美妙動聽的音樂。

C. 邏輯清晰。在這個狀態下，你暫時不會感到疲倦，心裡清楚接下來應該做什麼，也明白如何以最佳方式完成這件事。

D. 知行合一。你能夠把自己曾經獲得的知識或技能充分運用到目前正在做的這件事中。

E. 心無雜念。進入這種狀態後，你不會胡思亂想，也不會沒有信心，而是信心滿滿在做這件事，甚至會進入一種「忘我」的狀態。中國古代的詩人喜歡飲酒作詩，他們在靈光乍現時會忘記周圍的一切，只沉迷於自己的創作，此時他們就是進入了心流狀態。

F. 光陰似箭。你處於心流狀態時對時間的敏銳度會降低，你不會刻意停止手中的這件事，除非突然被打斷。

G. 內在動力。也可以理解為「不忘初心」，你做這件事並不是帶著功利心，而是你真正喜歡，並且願意付出時間和精力在這件事上。你選擇一項興趣愛好，開始是因為熱愛，到後面能長期堅持下去靠的是內在的驅動力。當你的熱愛漸漸變為工作時，也許你會產生倦怠心理，甚至找不到最初那份簡單的熱愛。所以當你產生倦怠心理時，不妨回過頭看看當初的狀態。不忘初心，方得始終。

如果你正在認真看這些文字，並曾經體會、感受過以上部分特徵，那麼恭喜你，你正在逐漸進入心流狀態。

## 3. 如何為進入心流狀態提供有利環境？

我們都渴望能夠快速進入心流狀態，但在剛開始時嘗試過幾次後並沒有成功，可能就會感到氣餒，甚至放棄了。你是否想過，沒有進入心流狀態的原因可能是我們沒有為它提供一個有利的環境呢？

我透過長期實踐並結合《心流》一書的方法總結出了3個要點，希望能為你進入心流狀態創造好的環境，助你提升效率，做好時間管理。

（1）創造一個專注的環境。如果你要開始學習、閱讀的話，最好把書桌的桌面先收拾乾淨，不要留太多雜物在桌面上，只擺放少數幾樣學習用品和書籍，這樣能為你即將開始的學習創造一個專注的環境。我曾經把桌面擺放得滿滿的，以為這樣會方便我隨時拿起一本書來閱讀，但隨著書桌上的書籍和物品堆積得越來越多，我每次坐在書桌前看書時都覺得效率很低，甚至很難進入心流狀態。

後來我把書桌收拾了一下，使其呈現出乾淨整潔的模樣，等我再回到書桌前學習時奇蹟發生了──我竟然漸漸進入心流狀態。亂七八糟

的桌面很難使你進入心流狀態，當你在空無一物、乾淨整潔的桌子上辦公或者學習時，你會發現自己的效率提升許多，而且很容易就進入心流狀態。

我曾詢問身邊的朋友是否有過類似的經驗，他們大都是一樣的答覆：「乾淨整潔的辦公和學習環境，真的能夠提升效率，而且心情也變得愉悅了起來。」

(2) 在有限的時間內，只做一件事，並把這件事做好。這個方法聽起來簡單，但事實上並不容易。比如，你原本打算今天晚上花 2 個小時完成一篇 3,000 字的文章，但中途手機跳出一條打折促銷的通知——「心動不如馬上行動」，你便放下手中的事情去看手機。又或者在寫作的過程中，你想去查閱一些資料作為補充內容，在查閱的時候卻發現很多有趣內容撲面而來，你忙於去閱讀新鮮內容，等你回過神來時早已過去 2 小時，結果寫作目標還沒達成。

所以，不是心流難產生，而是外在干擾資訊太多。

你需要做的是在這有限的 2 小時內，只專注於寫作這件事情，盡量不要被無效資訊打擾。你可以選擇在這段時間內將手機調為靜音狀態，主動忽略這些干擾資訊，中途不去查閱資料，等完成寫作之後，再查閱相關資料作為補充內容放入文章。

(3) 放鬆心情，放下焦慮。為了更好地進入心流狀態，你需要學會「做減法」，讓自己的心情變得愉悅，暫時放下那些讓你焦慮的事情。

有科學研究顯示，人如果處於焦慮、緊張的狀態，大腦就很難集中精力去做好一件事，你的身體甚至會出現不同程度的反應。有的人在做某件事時，嘗試幾次後還沒有進入心流狀態，往往會懊惱和焦慮，這樣下去只會陷入惡性循環。你不妨試試暫時忘記心流這件事，把手頭這件

事做好即可。比如，你在背英語單字的時候，有幾個詞一直記不住，請你不要懊惱，而是選擇暫時跳過這幾個詞，繼續背接下來的若干單字。背誦結束後，你再把這幾個總是記不住的詞摘抄下來，等狀態好的時候再多複習幾次，其效果反而會更好。

(4) 設定一個清晰的目標。你如果有目標感，那麼在做事情的時候就能更好地整理思維，也清楚自己需要花多少時間和精力來完成它。

「我今年想學鋼琴。」

「我今年想每週花3～4個小時學鋼琴，從零基礎開始，用一年的時間學會3首指定的鋼琴曲。」

以上兩個目標，哪一個更容易實現呢？我想是後者。你每次學琴的時候，都很清楚自己學習的最終目標是什麼。你不會因練琴枯燥而放棄這個目標，因為你知道這些有點痛苦的過程都是一種歷練，能夠幫助你完成目標。

所以無論你在做什麼事情，要想更快速進入心流狀態，不妨嘗試設定一個清晰的目標。

## 4. 如何漸漸進入心流狀態？

想要進入心流狀態，不妨從這幾點簡單方式著手：

(1) 做事前設立明確的目標。仔細想想，你的目標是什麼？比如：想要看完一本服裝設計書籍，想要學習一門新的外語。

比如，有段時間我在學習「服裝設計」的知識，便買了一些電子書和紙本書，我每天都會在下班後的業餘時間看書學習並認真記錄筆記。但

## 第 1 節　要想修練核心競爭力，就從進入心流狀態開始

是書裡的專業知識都很枯燥，涉及打版、繪圖、比例計算等，並不是時裝雜誌那樣色彩鮮豔的圖。

如何靜下心來，進入「心流」狀態呢？我在紙上列出了學習服裝設計的幾個目標，分別是：提升審美，懂得鑑別好和不好的衣服，能夠製作幾件自己喜歡的衣服。

我把這些目標寫下來並仔細分析之後，痛苦的感覺減少了許多。因為我知道自己不需要學習到專業人士的程度，而是把自己應該掌握的內容學會即可（服裝設計科技的大學生要用 4 年的時間完成學習和成品製作）。

我帶著自己的問題和目標看書學習，不斷尋找答案。當我找到自己需要的答案時，我就會感到很開心。

（2）把目標分解成單個小任務。這樣做的好處是，不至於在拿到很厚的一本書時感到難以開始閱讀，同時也知道自己每天應該學習什麼。

比如我學習服裝設計的時候，設定了一個「21 天提升審美」計畫。每天下班回家之後，我就開始看時裝雜誌，然後準備自己的速寫本，練習服裝設計的繪畫和拼貼。

我每天的目標都非常明確，不斷輸入時尚知識並把學會的畫或者拼貼出來。之後，我把自己的「作業」分享到社交平臺，看網友的點讚數量，如果某天點讚的人數多，則證明那天的作業被大眾喜歡和接受。

透過以上方法的實踐，我每天都有動力去學習和分享，也很容易進入心流狀態。

（3）先開始行動，漸漸進入狀態。當你開始做一件事情時，無論是工作還是學習，想要快速進入「心流」狀態，那就立刻去做那件事情。

## 第 2 章　自我提升時間：訓練出你的核心競爭力

如果你一直停留在「想」的階段而不去行動，那麼事情只會停滯不前。比如，星期四下午，你想寫一篇關於美食分享的文章，但只是在腦海裡想想而已。時間很快過去幾個小時，你忙於做其他的事情，把寫文章這件事漸漸給忘記了。第二天，你又只是想想這件事，沒有行動起來，久而久之，你就會把這件事忘記了。

我有了學服裝設計的這個想法後就馬上採取行動：上網查詢新手入門需要購買哪些書，並制定每天的學習計畫。你不一定要設定很大的目標，可以從簡單的事項做起，關鍵是提升執行力，務必開始行動，只有這樣才能檢驗效果。

(4) 帶著目標尋找回饋。你的回饋機制決定了你的成效。如果沒有設立回饋機制，就無法檢驗成果的好壞。心流的狀態是使人很舒服，但你究竟學到了多少知識，還得靠檢驗。

比如，你學習一門外語時，每天認真背單字，但沒有測試過自己掌握的詞彙量到底是多少。透過設定每週固定測試的回饋機制，就可以檢驗自己掌握的詞彙量究竟有多少。

帶上你的目標開始行動。比如制定一個「100 日健身」計畫，每天結束之後進入自己的回饋機制，反思設定的目標是否都按計畫完成，100 天後見分曉。

在很多時候，你不一定會得到好的回饋，但也別放棄。有時候較差的回饋，也是激勵我們前進的一種方式。例如前面分享的背單字，某一次的測試回饋很差，可能令你感到氣餒，但換位思考，說明你還有很大的提升空間，把這些單字背會後進步就會更快。

當然，我們並不是每一天都能進入心流狀態。想要經常進入心流狀態，需要刻意練習。

## 第 1 節　要想修練核心競爭力，就從進入心流狀態開始

我曾在《盜火：矽谷、海豹突擊隊和瘋狂科學家如何變革我們的工作和生活》(*Stealing Fire: How Silicon Valley, the Navy SEALs, and Maverick Scientists Are Revolutionizing the Way We Live and Work*）[05]這本書裡看到過一個案例，讓我印象深刻。美國的海豹突擊隊隊員透過長期的心流訓練，達到了共同的「心流」狀態。一聲令下，大家迅速集合進入工作狀態，不需要言語交流，彼此就能夠領會指令。這些隊員都非常厲害，透過長期的心流訓練，可以在幾週內在心流狀態下快速學會一門新外語，並且說得就像本地人一樣。這是普通人無法做到的。他們也是經過日積月累的訓練，才漸漸找到適合自己的心流訓練方法的。

有一千個讀者就有一千個哈姆雷特。每個人對心流的理解和體驗可能會有不同差異，但進入心流狀態後那種愉悅的心情都是相同的。

讓我們一起潛心修練，更快進入心流狀態，做好自己的時間管理。

---

[05] 科特勒，威爾.盜火：矽谷、海豹突擊隊和瘋狂科學家如何變革我們的工作和生活[M]張慧玉，徐開，陳英祁，譯.北京：中信出版社，2018.

第 2 章　自我提升時間：訓練出你的核心競爭力

> **第 2 節**
> **利用一萬小時定律，**
> **安排自我提升時間**

從小到大，我們身邊都會有一個「別人家的孩子」，在他身上你會看到許多優點，比如各個學科成績都很好、在比賽中總能獲得第一名⋯⋯

也許你也想成為優秀的人，卻不知怎麼開始。其實，了解一萬小時定律，可以幫助你更好地自我提升，把心中一個又一個目標依序實現。

## 1. 什麼是一萬小時定律？

一萬小時定律是作家麥爾坎・葛拉威爾（Malcolm Gladwell）在《異數：超凡與平凡的界線在哪裡？》（Outliers: The Story of Success）一書中提出的。

「人們眼中的天才之所以卓越非凡，並非天資超人一等，而是付出了持續不斷的努力。一萬小時的錘鍊是任何人從平凡變成世界級大師的必要條件。」他將此稱為「一萬小時定律」，即要成為某個領域的專家，需要一萬小時的專注學習。由此可推算出，如果每天工作 8 個小時，一週工作 5 天，那麼成為一個領域的專家至少需要 5 年。

（1）一萬小時是如何誕生的？葛拉威爾一直致力於心理學實驗、社會學研究，他將古典音樂家、冰球運動員的統計調查改造成流暢、好懂的文字。在調查的基礎上，他總結出了「一萬小時定律」。他的研究顯示，

## 第 2 節　利用一萬小時定律，安排自我提升時間

在任何領域取得成功的關鍵跟天分無關，只與練習時間長短相關——至少需要練習一萬小時，例如 10 年內，每週練習 20 小時，大概每天 3 小時。每天 3 小時的練習只是個平均數，在實際練習過程中，每天花費的時間可能不同。1990 年代初，瑞典心理學家安德斯‧艾瑞克森（Anders Ericsson）在柏林音樂學院也做過類似調查：學小提琴的人大約從 5 歲開始練習，起初每個人都是每週練習兩三個小時，但從 8 歲起，那些最優秀學生的練習時間最長，9 歲時每週 6 小時，12 歲時每週 8 小時，14 歲時每週 16 小時，直到 20 歲時每週 30 多個小時，共一萬小時。

（2）為什麼是一萬個小時呢？「一萬小時定律」的關鍵在於一萬小時是底線，且沒有例外。沒有人僅用 3,000 小時就能達到世界級水準；7,500 小時也不行。一萬小時等於在 10 年內每天花 3 小時，無論你是誰。一萬小時的練習，是走向成功的必經之路。

比爾蓋茲（Bill Gates）在 13 歲時有機會接觸到世界上最早的一批電腦，開始學習電腦程式設計，7 年後他建立微軟公司。至此，他已經連續練習了 7 年的程式設計，超過了一萬小時。

莫札特（Mozart）在 6 歲生日前，音樂家父親已經指導他練習了 3,500 個小時。他在 21 歲寫出膾炙人口的《第九鋼琴協奏曲》，可想而知他已經練習了多少小時。鮑比‧費雪（Bobby Fischer） 17 歲時就在西洋棋領域奇蹟般地奠定了自己的地位，而他投入了 10 年時間的艱苦訓練。

科學家發現，在大量的調查研究中，無論是在對作曲家、籃球運動員、小說家、鋼琴家還是西洋棋選手，「一萬」這個數字多次出現。

這是「一萬小時定律」被提出的事實論據。

第 2 章　自我提升時間：訓練出你的核心競爭力

## 2. 一萬小時定律的優秀代表人物

下面與你分享一位「一萬小時定律」的代表人物。

盧曼（Niklas Luhmann）—— 一位德國社會學家，他在 30 年的學術生涯中創作了 58 本著作，發表了上百篇高品質論文。大家都很好奇，這樣高產能的學者、作家，是如何做到的呢？

盧曼說，他的祕密都藏在一個小卡片盒子裡，那裡有他一輩子用來自我提升的時間祕密。

他的祕密其實都在《卡片筆記寫作法：如何實現從閱讀到寫作》（*How to Take Smart Notes: One Simple Technique to Boost Writing, Learning and Thinking*）[06] 一書中，他用一生的時間把卡片筆記寫作法運用到極致，這為他做學術、科學研究奠定了良好的基礎。

每當完成一篇論文、一本書的時候，他都會去回顧那個卡片盒，裡面藏著每一次他花費的自我提升時間 —— 看書、做筆記、寫讀書想法等。在做卡片筆記這件事上，他花費的時間早已超過一萬小時。如果你也想向盧曼學習，不妨和我一起把他的好方法「偷走」—— 讓自己能夠學以致用。

（1）自我提升時間。自我提升的關鍵在於平時的累積。許多人在寫作的時候會有這樣的煩惱：題目看起來很簡單，提起筆來卻不知道從何處下手。靈感來的時候還可以抓住並充分發揮，可是在沒有靈感的時候還要寫作就是一件痛苦的事情。

盧曼分享了他的方法：不能只依靠靈感，平時閱讀要注意素材的累積，只有利用好這些時間，才能實現知識複利。

---

[06]　阿倫斯·卡片筆記寫作法：如何實現從閱讀到寫作 [M]·陳琳，譯·北京：人民郵電出版社，2021.

## 第 2 節　利用一萬小時定律，安排自我提升時間

盧曼會準備自己的「卡片盒子」，在閱讀書籍、文獻資料時，每當他覺得讀到的內容對自己有幫助時，就會立刻將其記錄在小卡片上。記錄結束後，當天他會選定專注時間把收集到的文獻筆記做分類整理，放入不同的卡片盒子。

比如，他將社會學筆記分類為 A，將心理學筆記分類為 B。如果不同學科之間有重疊、交叉的內容，他會寫上備注關聯以及做編號，例如 A12，B12，以便後續尋找。看起來平時做詳細的分類筆記比較麻煩，但是在關鍵時候卻能夠幫大忙。每次寫學術文章時，他都能從分類筆記中及時找到他需要的內容，而不必花費大量時間收集素材。

他數十年如一日堅持做卡片筆記，這確保了他在寫各種論文時能夠得心應手——他想要的素材平時都已經累積好了，寫作時只需要尋找和提取即可。這個方法讓我受到很大的啟發，後來我也運用他的方法解決了寫論文時素材收集和選題困難的問題。

我用紙本筆記和電子筆記作為「卡片筆記盒」，也像盧曼一樣把不同的文獻進行整理和歸檔。每當看完一篇文獻資料的時候，我就會摘抄一些對我有用的內容放到「摘抄筆記盒子」裡。每當有讀後感的時候，我就會把電子版的讀後感寫出來，然後放到「讀後感筆記盒子」裡。此法實踐日久，我感覺自己寫論文確實沒有剛開始時那麼難了。

盧曼的那個年代還沒有網路，無論是知識的收集還是做筆記都需要依靠紙和筆來完成，他一生收集了許多的卡片盒，他的助理對此深有感觸。在一次採訪中，他的助理說：跟隨盧曼做科學研究是一件幸福的事情，不僅能學到盧曼嚴謹的工作態度，而且盧曼不會讓他做太多的資料收集工作，因為盧曼已經有自己的知識體系（都藏在卡片盒子裡），助理只需要幫他改正錯別字就可以了。

第 2 章　自我提升時間：訓練出你的核心競爭力

(2)利用一萬小時定律，保持輸入和輸出。用好一萬小時定律，不斷進行自我提升，定期保持輸入和輸出，養成好習慣。

首先，你要大量閱讀（花時間輸入）。大量閱讀不僅包括閱讀本身，更重要的是讀完後你要把自己的收穫和想法用自己的語言記錄下來。你可以參考盧曼的方法堅持每天閱讀，哪怕每天只有 15 分鐘，漸漸養成閱讀習慣後你就會有新突破。你讀過的書越多，你的知識體系就越完善，你能產生的靈感和洞見就越多。這就是古人所說的「知行合一」。

其次，你要做讀書筆記（花時間輸出）。古人云：「學而不思則罔，思而不學則殆。」如果你只是閱讀書籍，不寫讀書筆記，過段時間你就會把書籍裡的許多內容遺忘。唯有持續「輸入」和「輸出」，你的知識體系才能夠穩固，這正如我們每天都要吃飯一樣，只有不斷攝取營養，才能充滿能量地工作和學習。你的大腦也需要不斷攝取知識和鞏固知識，才能夠越來越靈活。如何做讀書筆記呢？盧曼會從他平時閱讀的文獻筆記中找到一些知識點，用自己的語言對其有針對性地進行闡述，或者寫出自己的一些思考。做完讀書筆記之後，他會把它們用編號分類管理，以方便知識的二次使用和加工。

最後，你要不斷修改（花時間調整）。好的輸出內容不是一次就完成的，而是經過了無數次的修改，直到令人滿意為止。學生寫論文，老師都會要求學生先閱讀文獻，再做研究調查和分析資料，待老師看過論文之後還會提出一些修改意見。我們需要經歷多次修改，才能最終呈現出一篇合格的論文。寫作也需要不斷修改，才能形成讓自己滿意的文字。

只有不斷地花時間「輸入 —— 輸出 —— 調整」，才能實現更好的自我提升。盧曼為我們做了一個很好的示範。

(3)分享你的洞見。無論是學習還是工作，你累積一段時間後就會有自己的一些想法，你要學會把這些想法變成你的洞見。

　　想法和洞見有什麼區別呢？想法可以說轉瞬即逝，也可能以條目的形式零星出現；而洞見，是指你把這些想法梳理後得出的一些有條理的文字或可以用帶有邏輯性的語言表達的內容。

　　盧曼的方法可以幫助我們整理自己的想法，並漸漸形成洞見。當你的洞見累積到一定程度的時候，它們就可以變成一篇高品質的論文，甚至以後結集出版……

　　盧曼就是用這樣的方法，數十年如一日（花費的時間早已超過一萬小時）地堅持閱讀、寫作、分享洞見，漸漸在學術界有所累積，最終形成自己的學術成果。

　　我們不必像盧曼那樣偉大，只要像他那樣把自我提升時間安排好，專注於自己專業領域的知識累積，把自己工作的專業能力再進行提升，那麼我們就會漸漸形成自己的洞見和核心競爭力。當你能夠持續地「輸入和輸出」時，就已經超越了大部分同齡人。

## 3. 一萬小時定律適用範圍

　　所有的事情並不都適合一萬小時定律，如果我們只是想簡單地了解某個學科、領域的知識，就只需要對它有個大概的概念即可。

　　什麼樣的事情適合一萬小時定律呢？答案是：那些你真正想持之以恆做的事、對你的成長一直能帶來正向回饋的事。如何理解這個定律呢？並不是說我們只要花費一萬小時就可以了，而是要理解它背後的意

義：只有長期做好一件事，在某個領域不斷深耕，才能獲得一定的成績、成就。

比如學法語達到 B2 的水準並通過考試，那麼你基本上可以和法國人進行無障礙溝通；如果學法語達到 C1 以上的水準，那麼基本上就是法國本地人的水準。此時，運用一萬小時定律學外語就非常適合。你如果只是想了解會計學的入門知識，以後並不想從事和會計學相關的工作或者研究，那麼你只需要花費幾天的時間去了解即可。

那麼花費一萬小時是否真的可以讓你成為這個領域的「專家或20%的少數人」？並不是非得一萬小時——有的人花費不足一萬小時就能達到很好的水準，有的人則需要更多時間（超過一萬小時）才行。關鍵在於為了實現某個長期目標，你是否願意每天花費足夠的時間做這件事，無論颱風下雨，無論外界如何變化。

如果你只是一味空想，並不付出時間去實踐，那麼即使你「想」了一萬個小時，也不會成為該領域優秀的人。

## 4. 如何運用一萬小時定律，進行自我提升

你要想明白，今年甚至未來三五年的時間裡，自己想在哪一個領域累積，達到什麼樣的水準。比如今年你想透過自我提升考到多益 550 分，那麼明年的自我提升目標就可以是多益 700 分，學習的目標不僅是考試，而且是以後長期運用英語口語進行交流。那麼你就可以運用一萬小時定律，每天花足夠長的時間去學習。

欲戴皇冠，必承其重。你的實力要配得上自己的野心。

## 第 2 節　利用一萬小時定律，安排自我提升時間

很多專家學者在自己的研究領域不斷付出時間和精力，甚至一生只研究一個問題，他們願意把大部分時間花在一件事上，並且做好，終於成為大眾眼裡的優秀的人。

天賦是否重要呢？個人認為，天賦的重要性占比很小，我們更需要毅力、執行力。一個人即使在某個領域很有天賦，但如果不經過長期刻意練習，是無法獲得很高的評價和很好的造詣的。韓愈在《師說》裡說：「聞道有先後，術業有專攻。」

我覺得，運用一萬小時定律並沒有太多的技巧，就是：堅持、堅持、再堅持，不要輕易放棄。

如果做什麼事情都半途而廢，那麼即使花費再多的時間，也不容易把事情做好。

如果你心中有一個長期的自我提升的目標，不妨現在就把它和一萬小時定律一起寫在筆記本裡，告訴自己從現在開始，為這個目標默默耕耘，直到它實現為止。

皇天不負苦心人，願你運用好自我提升的時間，實現心願。

第 2 章 自我提升時間：訓練出你的核心競爭力

# 第 3 節
# 刻意練習：讓自我提升成為習慣

透過了解一萬小時定律，我們可以明確自己在哪幾個方向進行自我提升，以及如何安排時間。我在本小節會分享一個方法——刻意練習法，它可以搭配一萬小時定律一起使用，能夠有效地幫助我們安排好自我提升時間。

## 1. 什麼是刻意練習法？

著名心理學家安德斯·艾瑞克森（Anders Ericsson）在「發展心理學」領域潛心幾十年，研究了不同行業或領域中的專家級人物：西洋棋大師、頂尖小提琴家、運動明星、記憶高手、拼字冠軍、傑出醫生等。他發現，無論在什麼行業或領域，都有一種最有效的提升技能方法，他將這種通用方法命名為「刻意練習」，並寫成了一本書——《刻意練習：原創者全面解析，比天賦更關鍵的學習法》(Peak: Secrets from the New Science of Expertise) [07]。

對於任何一個在本行業或本領域希望提升自己的人，刻意練習都是黃金法則，是迄今為止公認的最強大的學習方法。

刻意練習，簡單歸納為一句話就是：一種有目的的、專注的且需要回饋的長期突破練習。

---

[07] 艾利克森，普爾. 刻意練習：如何從新手到大師 [M]. 王正林，譯. 北京：機械工業出版社，2016.

第 3 節　刻意練習：讓自我提升成為習慣

　　莫札特從小學習音樂，幼時即展現出無與倫比的天賦。他 5 歲開始作曲，6 歲舉辦第一場個人音樂會，8 歲創作第一部交響樂，10 歲創作第一部歌劇。在僅僅 35 年的短暫一生中，他共創作了 19 部歌劇、103 部小步舞曲、55 部交響樂和 39 部協奏曲。[08]

　　看似是天賦的背後，其實與他長期在鋼琴練習上花費時間、精力有關，如果他不進行長期的刻意練習，那麼他彈鋼琴的技巧也不會如此嫻熟，更談不上創作歌曲。

　　對於刻意練習鋼琴這件事，我深有體會。以前我也學過鋼琴，參加過鋼琴考試，在國二的時候透過了業餘鋼琴等級考試 10 級，我知道這其中的不易。我在學鋼琴、練鋼琴這件事上花費的時間也超過了一萬小時，透過不斷刻意練習才稍微取得一點成績。

## 2. 有目的地刻意練習的四個特點

　　要想學會刻意練習，需要了解這四個特點。

A. 刻意練習具有一個明確的目標。一個明確的、清晰的目標，能夠幫助你實現它，也有助於你日後把目標詳細拆解。
B. 刻意練習需要專注時間。想要取得的進步多一些，在刻意練習的時候，須專心致志。一心二用雖然看似在「節省時間」，但不專心帶來的後果可能適得其反，即沒有進步甚至犯錯。你越專注於刻意練習，就越能感受到手頭正在做的那件事為你帶來的正向回饋。
C. 刻意練習有一個回饋機制。無論你想刻意練習什麼事情，都需要有一個回饋機制來督促、告訴你什麼地方做得好，什麼地方還可以再

---

[08] 所羅門・莫札特傳 [M]・韓應潮，譯・浙江大學出版社，2020

改進。這個機制可以由你自己設定，也可以由外界設定。例如：你在參加鋼琴等級考試的時候，每一個級別都會有不同難度備選的曲庫任意挑選。透過設定難易程度，評審在聽你演奏曲子的時候就設定了一個回饋機制來考查你的演奏水準。如果沒有這個回饋機制，你就不知道自己練得好不好，哪裡還需要改進。

D. 刻意練習需要走出舒適圈。刻意練習某項技能到了一定程度就會達到熟練的程度，此時你就處在舒適圈裡；要想達到更高的境界，你需要走出原本的舒適圈。如果你一直停留在原地，不走出原先的舒適圈，那麼很難再上升到更好的境界。若想成為某個領域、某個行業的20%的少數人或專家，你要在刻意練習的過程中不斷走出原先的舒適圈。

## 3. 刻意練習＋一萬小時定律能帶來什麼改變？

我們要想在某個領域有好的發展，離不開在這個領域的累積沉澱。刻意練習搭配一萬小時定律使用，會產生哪些正面影響呢？

（1）每一天的目標會更清晰。你一開始可能無從下手，但在找到合適的方法論之後，結合自己最初定下的大目標而努力奮鬥，那麼之後的目標就會變得越來越清晰，做事漸漸不拖延，變得更有效率。

之前你每天需要設定好幾個鬧鐘才能睡醒，後來鬧鐘響一次你就會起床，這是因為你心中十分清楚自己今天有哪些事情要完成，並且清楚完成後會對自己有多少幫助。當你的目標變得清晰可見時，每天花時間在這個目標上的結果也變得清晰可見，就會形成一個良好的循環。

（2）花費一萬小時是基礎步驟，找對方向刻意練習是進階步驟。如果

第3節　刻意練習：讓自我提升成為習慣

自我提升的方向沒找對，那麼即使花再多的時間，最終也不一定能夠達到你的預期效果。記住，選擇和努力同樣重要。

你選擇學習小提琴進行自我提升，制定了累計超過一萬小時的詳細計畫，透過不斷地刻意練習達到一年比一年好的水準，這就是一個越來越好的發展方向。

（3）檢討總結。你在每次進行自我提升檢討時，都要從以下兩個維度出發進行總結和反思。自己雖然花費了時間，但是不是刻意練習時的方法還可以再完善一些？在刻意練習的時候你已經找對方法，但最近由於自我提升時間少了，以致錯過了練習時間，後面該如何去彌補？

生活中，許多人不懂得做總結和反思，相反他們會把沒有成功、沒做好的原因歸結於外界和別人，他們認為結果不好都是外界干擾和別人影響造成的，根本不會從自己身上找原因。我們能夠不斷總結和反思，就是在為下一個階段的成長做鋪陳，不斷改進，以便在下一階段的自我提升時間裡做得更好。

自我提升，一定要從自身出發。

## 4. 刻意練習＋一萬小時定律運用舉例

在自我提升的時間裡，我不敢和許多優秀的前輩相提並論，但至少在同齡人裡我還是有一些心得可以分享的，希望能對你有所幫助。

對我來說，真正運用「刻意練習＋一萬小時定律」的時間進行自我提升，排第一的技能是「寫作」。

從初一開始至今，我每天都堅持寫日記，家裡的日記本堆起來已經

第 2 章　自我提升時間：訓練出你的核心競爭力

有兩公尺高了。我一直在刻意練習寫作這項技能，加上大量閱讀，才能不斷保持「輸入和輸出」。關於我為什麼堅持寫作，你可以在我的第一本書《學習，就是要高效：時間管理達人如是說》裡找到答案。

我運用「刻意練習＋一萬小時定律」寫作的方法如下。

(1) 每天寫作一小時。從國中開始，我保持著每天寫作一小時的刻意練習寫日記的習慣，從他律漸漸到自律，養成了一個終身受用的好習慣。

在這一個小時的寫作時間裡，我從最開始在筆記本上用鋼筆寫，到如今面對電腦敲打鍵盤，雖然寫作方式改變了，但一直花時間（早已超過一萬小時）在寫作這件事上沒變。在學生時代跟我一起寫日記的同學，到如今只有少數幾個還在堅持；而同期一起在網路上寫作的同齡人，如今也只剩下少數人在堅持著內容的更新，他們早已成為某個領域的少數人，甚至是意見領袖。

你看，時間終究會給出答案。無論是寫作還是其他事情，唯有長期堅持，才能真正站穩腳跟，乃至有更好的發展。

也有人問我：「如今網路上影片成堆，看文章、看書的人不一定多，你為什麼還要堅持寫作呢？」對我而言，寫作早已成為生活的一部分，也是我的一個情懷，若不是真正熱愛寫作這件事，前進路上遇見的許多困難早已逼我選擇放棄。

另外，讀者的支持和鼓勵給了我一直寫下去的動力。我看到自己寫出來的文字能夠對更多人產生正面影響，這讓我內心驅動力十足，所以即使困難重重也願意堅持寫下去。

(2) 每週保持一定的閱讀量。身邊的一些優秀前輩每週都有讀書的習慣，哪怕創業或工作再忙，他們每週也會略讀或精讀。

「見賢思齊」，我不斷努力向他們看齊。

讀書在短期內對人可能看不出什麼影響，但長期堅持下去，一定會對人產生大的影響。有一句話說得好：「你如今的氣質裡，藏著你走過的路、讀過的書、見過的人。」所有的累積都不會白費，它們會使你發生改變。你也會因過去的所見所聞而產生一些閱歷，你的閱歷豐富以後，便會透過一言一語展示出來，這也是「刻意練習＋一萬小時定律」發生作用的結果。

我每週都會閱讀一定數目的書籍並保持閱讀時長。長期不讀書，我就會寫不出東西來，因為沒有新知識的輸入；長期不寫作，前期累積的閱讀精華也會缺乏合適的輸出管道。如果讀書和寫作這兩件事長期沒做，我便會感到非常焦慮，所以，對我來說，讀書和寫作也是緩解焦慮的方法之一。

寫作需要素材累積，平時我會閱讀不同類型的書籍，涉獵範圍較廣。看完書後，我會對書籍進行歸類，如果某一本書我覺得好，那麼我會做讀書筆記或者寫書評，在內化知識的同時也將其分享給更多人。

（3）每月累積好詞金句。累積好詞金句這個方法不僅可以用在讀書方面，還可以運用到工作中。透過閱讀書籍、雜誌、報紙等，我會收穫一些好詞金句，如果不及時把它們歸類記錄下來，久而久之這些精華就會被大腦遺忘。

我把這些好的內容寫在「好詞金句摘抄本」裡，同時也把電子版存檔，以方便我在寫作的時候及時找到並引用它們。若沒有這些鋪陳，我在寫作過程中則需花費大量時間去查閱適合的句子。

（4）每月寫書評、讀書筆記。知識輸入是基礎，透過寫書評、讀書筆記的方式把這些知識輸出，同時轉化為自己的精神財富，才能將其真正

第 2 章　自我提升時間：訓練出你的核心競爭力

形成長期記憶儲存在大腦中。

寫讀書筆記和書評會產生「利他效應」，能幫助更多讀者了解一本書的內容，甚至會影響和改變他們的生活。曾有讀者傳訊息給我說：「喜歡看你在網站上寫的書評。」這讓我感到很開心，因為我在自己的能力範圍內為社會做出了一定貢獻。我把書評定期釋出在網路平臺上，陸續收到一些讀者給我的私訊回饋，其中一位學生讀者說：「謝謝丹妮老師的好書推薦，幫助我更加了解一本書講了什麼，同時也看到丹妮老師一直在堅持閱讀和寫書評，給了我很大的鼓勵，我也想堅持閱讀和寫作，不斷進行自我提升。」

讀者給我的回饋，讓我知道自己寫作的內容確實對人有幫助，這也給了我堅持寫下去的動力。

(5) 每年定期與前輩、朋友分享寫作和讀書感悟。我以前是個很內向的人，不擅長人際溝通。所以我更願意花時間寫作，以表達自己內心的想法。工作之後，我需要在不同場合與不同的人打交道，時間久了性格也變得開朗起來。一次我在無意中和前輩分享讀瑞・達利歐（Ray Dalio）的《原則》（Principles）一書的感悟，讓這位前輩留下了深刻印象。此後的幾次交談中，前輩都會詢問我讀過哪些書，有哪些心得，漸漸地，我與這位前輩成了良師益友。

從那以後，我會定期與身邊的前輩、朋友分享寫作和讀書感悟，他們也會提出一些意見幫助我成長。這是我在自我提升時間裡的一個很好的實踐過程，讓我有機會表達自己的所見所聞，也能夠得到前輩的指導。

在這個過程中，我一直在提醒自己要戒驕戒躁，要有一顆歸零的心，不斷修練自己的核心競爭力，只有這樣，未來的路才能走穩、走好。

(6)舉辦讀書會。成長路上有書相伴，你收穫的將不僅是知識，還有一些額外的驚喜。

從 2021 年開始，我陸續舉辦過一些線上、實體讀書會，分享自己的讀書感悟。在這個過程中，我有幸結識了一些良師益友，他們在我前進的道路上都產生了正面影響，有的貴人還提攜我走了一段路，這些都是我的福氣。

透過舉辦讀書會分享讀書感悟，也是一個不斷回顧的過程。每次分享一本書，我都會重新閱讀它，並得到一些新的收穫和感悟；在製作分享 PPT 的過程中，我對一本書的理解和認知獲得了提升。我會把其中真正值得反覆閱讀的書挑選出來，製作為年度書單與讀者分享。

透過「刻意練習＋一萬小時定律」，我在寫作這件自我提升的事情上不斷精進，在寫作方面逐漸形成自己的風格。

隨著年齡的增長，我漸漸明白做成一件事，需要提前準備，同時也要有機遇，從而更深刻理解自我提升的重要性，所以願意花更多時間不斷自我精進。

我希望每一位讀者都能利用「刻意練習＋一萬小時定律」助力自己不斷修練核心競爭力。

第 2 章　自我提升時間：訓練出你的核心競爭力

## 第 4 節
## 知識整合：把所學知識為己所用

在成長的過程中，無論是從書本裡得來的知識還是社會環境教會我們的道理，我相信大家早已累積了很多。但你是否有這樣的感覺：對這些學來的知識或明白的道理，真正能運用好的人並不多。

比如以前上學的時候，在數學課上要學習複雜的函式計算，但在日常生活中，我們經常使用的是「加減乘除法」。每次語文課寫作文時老師讓我們至少寫 800 字，但工作以後，我們可能只在寫年終總結時才會超過 800 字。我們曾經學過那麼多複雜的知識，在實際生活中能運用的卻很少。

我在這裡無意宣揚「讀書無用論」，相反，學生時代學習的那些綜合學科知識，可以培養我們的思維和學習能力。一旦你掌握了這種思維，獲得了這種學習能力，就可以不斷學習新知識，甚至自學一門外語。這是學校重點培養的能力，也是一種能讓我們受益終身的能力。

雖然你所學過的複雜函式在現實生活中運用得不多，但其背後解題的邏輯思維能幫助你處理一些生活中的複雜問題。當你面臨一個複雜問題需要處理時，你會運用這套邏輯弄明白這個問題的含義並列出幾個步驟，讓處理事情變得有條理和講求邏輯。

雖然每次寫作要求至少寫 800 字，你也許會為了湊字數而感到焦頭爛額，但長期的寫作訓練讓你的寫作有邏輯。比如第一段該如何開頭，中間該引用哪些好詞金句和案例來支持自己的觀點，最後文章該如何收

## 第 4 節　知識整合：把所學知識為己所用

尾……這套寫作邏輯在做工作總結時可以用到。

你看，這些知識都不是獨立存在的，看似當下學習它們沒有太多用處，但在將來某一天它們肯定會幫到你，甚至會幫你一個大忙。學習時間管理的知識和方法也是如此，看似當下對自己沒有太多幫助或者不能立竿見影，但長期堅持下去，你一定能看到自己的改變。

如何把所學知識不斷整合，最終為自己所用？

我以學習時間管理知識為例講解一下。當你打開這本書，可用一個上午或下午的時間閱讀完，但如果你把書讀完後沒有付出實際行動，更沒有做出改變，那麼這些知識就不屬於你，它們還是躺在書本裡。

要想把書中的時間管理方法運用起來，最好的方法就是立刻開始行動，可按照以下三步法執行。

第一步，讀。在閱讀這本書的過程中，你可以手拿兩支不同顏色的筆，在書中畫線和做筆記。當你閱讀到一些讓你有啟發的句子和段落時，可以把它們單獨標註出來，並在旁邊寫上簡單感悟。當你找到書中不同的時間管理方法時，也可用不同顏色的筆把它們分別圈出來……可用你喜歡的符號、能理解的語言把這些內容依次標註出來。

第二步，學。你可以在結束閱讀本書後把書中做標註的內容單獨放到一個檔案裡，或者把它們製作成一篇讀書筆記、書評，一幅心智圖。把這些知識以一定的形式、有邏輯地轉化為自己的知識，它們就能在你的大腦裡形成長期記憶。

如果你省略了以上兩個步驟，書中的知識就不易成為你自己的知識體系的一部分。即使你擁有良好的記憶力，在閱讀完後能快速記住書中的大部分內容，但隨著時間流逝，這些知識也會被你漸漸遺忘。完成這兩個步驟可幫助你建立知識體系，形成長期記憶。

第 2 章　自我提升時間：訓練出你的核心競爭力

　　第三步，行動。你從書本中學習到一些時間管理方法，也完成了筆記整理的過程後，可把這些知識真正運用到工作和學習中。你可以準備一本時間管理筆記本（自己繪製或購買），把每一天工作和學習的待辦事項依次寫在筆記本裡，並運用時間管理方法先做重要緊急的事情，若有需要專注地完成的事情，務必提前留出時間。只要每天堅持做時間管理，你的效率會漸漸得到提升。

　　知識的整合過程可能會讓你覺得痛苦，甚至需要花一週甚至更長時間才能完成，但請你相信：工欲善其事，必先利其器。把最困難的步驟先完成，再把知識消化吸收形成自己的，最後開始行動，每天執行時間管理表裡的待辦事項，漸漸就會收穫屬於自己的方法論。

　　透過這三步知識整合，你就能使所學知識形成長期記憶，以便更好地使用它們。

　　你對自己的要求若更嚴格，還可以按照學科、知識領域來分類，準備不同的電子文件和紙本筆記本，用同樣方法整理這些知識為己所用。

　　知道許多道理但不去實踐，就不會明白這些道理是否真正有用。不妨從現在開始，拿起你手中的筆進行勾畫，並做筆記。記住，實踐出真理。

## 第 5 節
## 運用 SWOT 分析法合理分配時間，提升競爭力

要想不斷修練自己的核心競爭力，以使自己從人群中脫穎而出，就不僅要做好時間管理，還要明白自己的優勢在哪裡，哪些方面是劣勢。透過運用 SWOT 分析法，你可以更好地了解自己。

SWOT 分析法不僅可以用到公司的實際管理中，還可以用到日常生活中。我讀大學時的專業是人力資源管理，曾多次在學習和生活中使用 SWOT 分析法。

### 1.SWOT 分析法

SWOT 分析法是基於內外部競爭環境和競爭條件下的強弱危機分析，是把與研究對象密切相關的主要內部優勢、劣勢和外部的機會和威脅等，透過調查列舉出來，並依照矩陣形式排列，然後用系統分析的思想，把各種因素相互搭配起來加以分析，從中得出一系列相應的結論，結論通常帶有一定的決策性。

運用這種方法可對研究對象所處的情景進行具備全面性、系統性和準確性的研究，根據研究結果制定相應的策略、計劃以及對策等。

第 2 章　自我提升時間：訓練出你的核心競爭力

如圖 2-1 所示，S（strengths）是優勢、W（weaknesses）是劣勢、O（opportunities）是機會、T（threats）是威脅。[09]

| W 劣勢(weaknesses) | S 優勢(strengths) |
|---|---|
| O 機會(opportunities) | T 威脅(threats) |

圖 2-1 SWOT 分析圖

SWOT 分析法可運用到生活、工作、學習等場景中，它能幫助你釐清思路，更好地安排自我提升時間。

## 2.SWOT 分析法使用舉例

你可以先在一張白紙上畫出 SWOT 表格，分別在優勢、劣勢、機會、威脅四個欄位裡寫下你目前的情況，分析自己需要在哪些方面進行提升。

比如，你有一個未來兩年內可以升遷的機會，但競爭對手也很優秀，你想掌握住這個機會，就需要安排好時間不斷學習。可用 SWOT 分析法整理自己目前的情況。

---

[09]　百度百科：SWOT 分析模型。

## 第 5 節　運用 SWOT 分析法合理分配時間，提升競爭力

優勢：英語好，工作能力獲得上司認可，懂職場禮儀。

劣勢：人際交往能力欠缺，管理經驗欠缺。

機會：未來兩年內有可能在集團升任部門經理職位。

威脅：升遷面臨其他員工的同質化競爭。

把這些要點依次羅列，你在腦海裡對自己和競爭對手的情況就會有一個初步的認知，這些內容如果一直停留在腦海裡不寫出來，你很可能會一直處於迷茫和焦慮的狀態。

接下來你要把時間和精力合理分配，查漏補缺。

你可以針對自己的 SWOT 表格在保持優勢的基礎上彌補劣勢。你的劣勢很可能是競爭對手的優勢，根據木桶理論，短板越短，競爭對手越容易超過你，因此你需要彌補自己的劣勢。在這個過程中你也要保持優勢，不能只補劣勢卻把自己的優勢漸漸落下。

確定自己補「劣勢和威脅」的目標：如果兩年後想勝任部門經理的職位，就需要提升自我人際交往能力、管理能力。這些能力可以從書本和實踐中得來。

如果從書本中得來，可以著手準備買管理學、人際關係方面的書閱讀，提早向這個目標努力。

把理論知識學會後，還要安排實踐時間才能做到真正的知行合一。即使知道許多管理學的原理，但如果不親自去實踐，那麼永遠都不清楚哪些方法適合管理自己，哪些方法適合管理團隊。

實踐時間以「週」為單位。先從管理好自己每週的工作任務開始，把自己管理好後再嘗試模擬團隊管理。你可以邀請同事一起加入，把書中學到的方法進行實踐，在實踐中不斷調整，最終找到適合管理團隊的方法。

## 第 2 章　自我提升時間：訓練出你的核心競爭力

你要把時間都合理利用起來，為升遷這個大目標不斷付出努力，花時間自我提升，不斷修練自己的核心競爭力。一直堅持下去，等機遇真正到來時，能夠掌握住它的機率就會比較大。機會一直都是給有準備的人。

每個人的工作職位、工作內容都不一樣，希望大家都能夠結合自身工作職位做好 SWOT 分析，在機遇到來前做好準備。

如果你是一位正在讀高一的學生，那麼為了迎接三年後的升學考試，你需要掌握各門學科的知識，才能在考試中取得理想成績。你可以透過 SWOT 分析彌補自己的弱項學科。下面以一個學期為單位舉例說明。

優勢：英語、數學、化學基礎好，這幾個科目的成績在班上名列前茅。

劣勢：物理、生物不太好，成績排名班級中下水準。

機會：提升綜合成績之後，本學期有可能進入年級前 50 名。

威脅：英語寫字不好看，即使作文寫得好，也可能失掉印象分數。

注意，你的 SWOT 表格裡的「威脅」並不是指同班同學或同齡人的成績，而是指現在的你和未來的你之間的差距。不要和別人對比，要和過去的自己對比，只要每一次都有進步就是好事。把劣勢和威脅都漸漸補上，你的綜合科目成績總體就會上升，在面臨考試時就會比過去的自己更自信。

如何花時間彌補劣勢和威脅呢？

每一個學期你都可以用「天」或「週」為單位，彌補學科知識。

你可以「天」為單位，根據某個科目的難易程度安排時間學習。比如你的物理成績不太好，是因為基礎知識不足，還是因為沒有解題方法？

## 第 5 節　運用 SWOT 分析法合理分配時間，提升競爭力

若基礎知識不足，你每天可至少花費 10 分鐘的時間複習基礎知識，直到牢牢掌握為止；若面對難度大的題目不知道如何解題，你可嘗試每天花幾分鐘時間請教老師或者同學。不要因為害怕、害羞就不去請教，自己悶頭研究許久也解不出來，會導致時間和精力都浪費了。

以「週」為單位，可在以「天」為單位的基礎上，穿插其他弱勢科目知識安排時間，同時也要安排時間對自己的優勢科目進行鞏固。比如週一安排 30 分鐘給劣勢的物理，週二安排 35 分鐘給劣勢的生物，週三安排 10 分鐘給優勢的英語……時間長短取決於你對不同科目知識的掌握程度，可以靈活安排，直到你把它們牢牢掌握住為止。

其實這個方法不僅適用於國中生、高中生，大學生也適用，只要替換相應的科目內容即可。方法論是相通的，掌握其中一種便可終身受用。

我的一位朋友——頂尖大學的孫凌，一直在用此方法保持自己的核心競爭力。她以接近滿分的高分，拿下了當屆大學考試榜首的桂冠。

以下內容來自記者對她的採訪：

記者詢問她：「成績這麼好，有什麼訣竅啊？」。這位女孩認真地回答，最大的訣竅就是用心做每一件事。在學校比較緊繃，回家就好好放鬆。平日每天晚上 7:00～7:30 都會看新聞，也喜歡看電視劇，不過只看一個小時。基本上不熬夜，12 點就上床睡覺，大考前則提早一個小時。學習最重要的是基礎扎實，臨時抱佛腳用處不大。

她的成功靠的不是訣竅，而是勤奮。有毅力、自制力強、擅長溝通。班導對她的評語是：有毅力，三年來每天早上都第一個到教室。

目標明確，善於利用時間是她的一個特質。她制定了詳細的學習計畫，連上學路上都在背單字。當午休大家都還在聊天的時候，她已經吃

第 2 章　自我提升時間：訓練出你的核心競爭力

完飯並開始讀書。

　　遇到困難，她會選擇溝通。有段時間，因為社會科成績不好，她也很苦悶。但她主動和父母、老師討論，向別人討教，找出以往好的資料進行鑽研背誦。結果，大考的社會科也考出了好成績。

　　從上面節選的採訪稿中，我們可以看到她使用 SWOT 分析法，確立自己的目標，知道自己的優勢科目是什麼，同時也會花時間和精力彌補劣勢學科，長期堅持，終於取得優異成績。

　　我曾多次與她見面交流，聽她分享學習方法和時間管理方法。我希望藉此真實案例，結合 SWOT 分析法為大家帶來一些啟發。

## 3.SWOT 分析法可以疊加其他時間管理法嗎？

　　SWOT 分析法可以搭配「番茄工作法」一起使用，但每次使用不要疊加太多時間管理法，以免陷入混亂。其實學習時間管理法的最終目的是幫助你更合理地安排待辦事項，平衡工作和生活。做時間管理的要點不在於累計疊加了多少方法，也不在於方法的難易，而在於根據不同的事情用不同的時間管理法完成自己的待辦事項。

　　做時間管理要避免本末倒置，避免花大量的時間做計畫卻只花一小部分時間執行。在掌握方法的同時保持不斷實踐，你就會明白哪幾種方法適合當下的你。

　　在運用 SWOT 分析法的過程中，不要擔心自己能否掌握這個方法，應盡量遵循「知道方法論就去執行」的原則，不要等萬事俱備了才開始。只有透過不斷實踐，才能知道自己到底掌握了多少方法。

# 第6節 「資優生」的自我提升之路

我們在成長過程中總會遇見一些「資優生」,他們綜合科目成績好、多才多藝、大學考上名校,畢業後一路順風順水。這一切與自我提升密不可分。天才是用 99% 的努力和 1% 的天賦共同成就的。

接下來分享兩位「資優生」的真實故事,希望能對你有所啟發。

## 1. 夏老師的故事

我和夏老師於 2017 年相識,我們都是多國語言愛好者。我一直很佩服她,她從小到大學習成績優異。優異到什麼程度呢?每次考試幾乎都是年級第一。

她在大學讀日文系,四年間她的成績一直穩居第一。大三時以 393 分(滿分 400)通過日語一級考試(現 N1),畢業論文榮獲選優秀論文。因成績優異,她被直接保送本校研究生,畢業論文也獲獎。

碩士在讀期間,她得到補助赴日攻讀博士學位。她用了三年時間取得日本文學博士學位,之後回大學任教。

第一次認識她是在 2017 年。那時我倆都在某個平臺寫作,分享學習外語的方法。沒想到我們聊得很投緣,且許多興趣愛好都相似,於是我心裡萌生出一個想法:有機會要和她見一面。而她也有同樣的想法。

某次我到她的所在城市出差,結束工作後特意去拜訪了夏老師。

## 第 2 章　自我提升時間：訓練出你的核心競爭力

我們聊學日語的方法，聊彼此學多國語言的感受。

我們聊旅行。她與我分享日本留學的感悟，分享到世界各地旅行的所見所聞。

我們分享書單，她推薦我閱讀《羅馬人的故事》這套書，可了解羅馬歷史，我立刻下單購買。

夏老師是我的良師益友，對於我日語學習中的一些困惑她都會認真解答，並糾正我的錯誤，我時常感慨有這樣一位朋友真好。

我對她分享給我的一個案例印象深刻：一位女企業家找她學日語，雖然是零基礎，但工作再忙，每週都會按時上課，並且認真完成作業。這位女企業家不僅日語學得很好，生意也做得好。唯有持續學習，才能夠擁有更好的人生，這是我從夏老師和她的學生身上學到的道理。

她還經常擔任日語翻譯，出版過自己寫的日語書。她曾學習德語、法語、韓語等語言，考了韓語 TOPIK 考試 5 級（高級）證書。後來她又自學鉛筆畫並販賣作品，許多人都羨慕她多才多藝，她總是謙虛地說自己只是運氣好罷了。

其實「運氣好」都是努力換來的。夏老師的努力程度已經超越太多人，別人只看到她的光環，卻看不到她背後學日語的那股認真。她擁有每週讀書的好習慣，也有自己的一套學習方法。她寫每一篇論文時都態度端正，會查閱大量的文獻作為參考，結合自己的案例不斷修改。

她每天都會進行時間管理，把一些待辦事項提前寫在備忘錄裡。每年她都會制定一些有挑戰性的目標，例如學習一門新外語、學習鉛筆畫等，然後將這些任務分配到不同的自我提升時段裡。若有些事情沒有完成，她會分析是主觀原因還是客觀原因導致的，下一步如何改進會更好。

她每天都會安排固定時段用於專注背單字和複習過去所學的單字。

她曾經用過「21天專注計畫」的時間管理方法，每天在網路上更新一篇文章，以督促自己工作再忙也要堅持寫作。

她對細節的要求也很嚴格。

有一次，我在動態消息發了一則日語貼文，夏老師看到我的錯誤後立刻私訊我。她總是很認真，和她見面的時候也會仔細詢問我喜歡吃什麼口味的菜，並提前預訂方便見面的地點，還會把詳細地址傳給我，告訴我怎麼走。夏老師把「細節」做得足夠到位。

優秀的人都注重細節，細節往往決定成敗。

我一直都記得她和我說過的一句話：「你的人生厚度取決於你讀過的書、走過的路、遇見的人。」是呀，她就是一個不斷在挑戰自己、豐富自己人生厚度的人。

讀研究所期間，她繼續保持認真學習的態度，畢業論文也在日本獲獎，這一點也成為她日後去日本讀博的加分項。皇天不負苦心人，努力學習終有回報。

如今的夏老師又開始學習一門外語——義大利語，我對她的時間管理能力和學習能力深表佩服。

讓我們一起向她學習，利用好自我提升時間，使自己在每一年都有成長和進步。

# 第 2 章　自我提升時間：訓練出你的核心競爭力

## 2. 孫凌的故事

孫凌也是我的好朋友，她於 2006 年被頂尖大學錄取，後來又收到海內外多家名校的研究生錄取通知書。她從小一路用功，會多國語言，現在她正在學希伯來語（世界上最難的語言之一）。她在香港讀研究所期間也做過許多有意思的專案和活動。她在微軟實習過，自己創過業，也當過義工，救助無家者……

她各科成績都很好，她會合理安排每一門科目的學習時間。她雖然學的是文組，但理科成績也非常棒，當年她的大學考試數學接近滿分，英語更是在高二的時候第一次裸考雅思就考了 8 分（滿分 9 分）。如果你曾經參加過雅思考試，就會明白想要考到 8 分是一件多麼不容易的事。

她是如何安排自我提升時間的呢？

她既不熬夜，也從來不參加任何補習班。按照她的原話就是：「我從小是被放養長大的。」家長從來不強迫她學什麼，哪怕偶爾考試成績不太好，也不會責備她。她的學習方法之一是每週都花時間提前「預習」沒學過的知識，安排時間「複習」課後的知識。許多人都明白這個道理，可真正能做到的卻沒幾個。她對預習也有方法，她會提前把課本裡的重點知識勾畫出來，對不懂的地方用另外一種顏色的筆標註出來，留待課後問老師。

她的英語學得好，更多靠的是勤奮加上好的學習方法。

她勤奮到什麼地步呢？在去學校的路上她都在背單字！她說，一直都會為自己制定學習目標，每天在上學的路上就把單字背了（碎片化時間），如今也在保持英語的刻意練習（一萬小時定律）。她非常勤奮，所以才能做到高二就考了雅思 8 分。不做低品質的重複，而是做高品質的複

習。她對背過的單字會根據「艾賓豪斯遺忘曲線」進行複習，讓單字形成長期記憶印刻在腦海裡。

好朋友的我們經常見面的地方是咖啡館和圖書館。我們一起看書，一起分享彼此的學習心得。

在此我將她的優秀成果分享給大家。

(1)關於學習。她從小就是一位自主學習能力特別強的人，當她發現自己對英語感興趣時，就主動投入更多時間去學習英語。

她在高中時就把英語學到了優秀的地步，可以擔任同步口譯。但她並不是只有英語好，而會把各門學科知識都認真學好。她的體育成績也不錯。

她一直提倡該學的時候就認真學，該玩的時候就好好玩。這也是她現在教育孩子的理念。她從來不會強迫孩子去上各式各樣的才藝班，而是讓孩子自己選擇感興趣的知識學習。

從小到大，家長都很尊重她的個人意願：小到今天晚上想吃什麼，大到大學選什麼科系、畢業後的結婚生子，都是她自己決定的。所以她很感激自己能生活在這樣的家庭環境中，這使她漸漸成為獨一無二的自己。她的學習建議是：找到正確的方法 + 努力 = 有效學習。

她說學習是一件非常需要方法的事情，並不是所謂的「看起來很努力」。方法找對了，再做好時間管理，一步一步實踐，就會有收穫。

(2)關於名校。她在頂尖大學讀書期間有人問她：「你是當年的榜首，可以說是眾多學生中的佼佼者。在學校有許多和你一樣優秀的人，你會感到壓力大嗎？」

她很真誠地說：「我從不覺得自己壓力大，因為我和這些優秀的人聚

## 第 2 章　自我提升時間：訓練出你的核心競爭力

在一起，才能夠看到更廣闊的世界。」眼界和格局不一樣，看問題的角度也會不一樣。

名校帶給她什麼呢？除了更好的平臺、更豐富的學習資源，就是有機會不斷拓寬她的眼界和格局。她說無論畢業多少年，都會懷念那個在校園裡的自己：可以因為一個學術問題和教授討論很久；可以和一群志同道合的同學參加國際辯論比賽；可以去美國名校進行交流學習……

她在讀大學跟研究所的期間，早已形成了一套完整的「自我學習體系」，能用專業的眼光看待和分析一件事，這也是無論她到哪都有許多公司爭相搶著錄用她的原因。她一直在努力 —— 把生活「折騰」成自己喜歡的模樣。

讀書真的需要適合的方法。

（3）關於職業選擇。她可以輕鬆選擇高薪工作，但她並沒有去過所謂的「菁英生活」，她明白賺再多的錢也買不到真正的快樂。工作好不等於賺錢多。在經歷過一些事情後，她辭去了許多人羨慕的高薪工作，選擇創業，做自己喜歡做的事情。

她制定的人生目標雖然有很多，但她會分階段去實現，而不是把所有的事情都集中在某個時段去完成。

比如剛畢業的時候，她沒太多職場經驗，所以找一份好的工作、跟一個好的團隊一起成長，就是最重要的。她在累積了一定經驗之後，才自己創業，當然業餘時間她也學習了不少商業知識。

對某個領域的專注研究很重要，特別是你要從事的那個行業。為什麼一個有 10 年工作經驗的人卻競爭不過一個只有 2 年工作經驗的新人？這在相當程度上是因為前者不夠「專注」，他在這個領域沒有花時間認

真研究和發展。工作能力的強弱與年齡無關，與是否用心進行自我提升有關。

當我和她聊到教育時，她總能用許多專業的研究報告分析給我聽；當我和她聊英語線上教學這塊市場時，她和我分享了身邊朋友公司的案例，並且用真實的資料資料告訴我背後的邏輯。

你在做選擇感到迷茫時，不妨參考她的意見和方法。不要總問別人該怎麼選擇，要學會用專業的資料和深度分析幫助自己做選擇。

她目前正在學希伯來語，一邊工作一邊帶孩子，還能抽空學習高難度的知識，這樣的人生讓我敬佩不已。

這個世界上，真的有人為了追求夢想而從未停下腳步，當然他們也付出了更多的時間和精力。他們是我們人生中的一束光，照亮我們前進的道路，給我們勇氣。願我們都能按照自己的節奏成長，做好時間管理，用心提升自我，使自己成為理想的模樣。

# 第 7 節　制定「評價回饋機制」，查漏補缺

我們在購物網站購物時，都會關注「評價」一欄。

如果看到一個商品負評太多，你會考慮換另外一家店鋪購買；如果商品全是好評，你也會擔心這些好評是買出來的。某商品好評居多，偶爾有幾條中等、負面評價，你反而會認為這個商品的評價比較真實，因為有好有壞，讓你看到了中肯的評價。評論系統能夠幫助你快速判斷這個商品是否值得購買。

制定自我提升時間的「評價回饋機制」也是出於此目的：透過這個機制，形成一個第三方視角，幫助你判斷在根據時間管理方法完成待辦事項時，哪些事情做得好，哪些事情做得不足。

在進行自我評價時，你往往會高估自己的最終結果，因為你覺得自己在實踐過程中已經很努力了。所以需要一個第三方視角（機制）來評判，以確保相對公平，幫助你更全面地知道自己的時間管理效果如何。

如何制定這個「評價回饋機制」呢？

## 1. 自我評價

你可以以「週」和「月」為單位，分別從不同的維度進行自我評價。這個評價可以寫成一篇文章、製作成一份 Excel 表格、繪製成一張心智圖，以你喜歡的、習慣的方式進行。

你可以從以下這幾個面向設計評價的內容：

A. 事情完成度（0～100 分）。
B. 事情滿意度（0～10 分）。
C. 本週、本月值得銘記的事情（列出 1、2、3 等事項）。
D. 哪幾件事情需要再完善（列出 1、2、3 等事項）。
E. 本週、本月累計花費的自我提升時間是多少（詳細到分鐘）。

比如：本週如果列出的 10 項自我提升的事情裡完成了 9 項，事情完成度是 90%。滿意度可以根據自己的實際情況評分，如果事情完成了，但你覺得不太滿意，評為 5 分，你就要思考為什麼不滿意。

對本週、本月值得銘記的事情，不一定寫令你開心的事情，也可以寫一些值得你反思的事情。從這些事情中，你有所收穫，也能得到警示和提醒。我自己會在評價系統裡寫反思，比如有一次拜訪客戶因準備工作不足，導致客戶滿意度低，於是我透過反思，明白是哪裡出了問題及後續改進的方法。

你可以把每週、每月累計花費自我提升的時間用工具製作成柱狀圖、圓餅圖，從而幫助自己分析時間都花在了哪裡。

電子版的記錄可按月分儲存，以便在年末進行年度評價。

完成以上步驟後，一個視覺化、量化的自我評價系統就誕生了。如果你想把內容進行細化，可自行增加一些考核事項。

## 2. 他人評價

他人評價是指在他人的幫助下，我們能夠從一些可量化的資料、回饋裡，更全面評估自己做時間管理的品質——知道好與不好的地方。

## 第 2 章　自我提升時間：訓練出你的核心競爭力

在學生時代，我們經常會聽到不同學科的老師對班級裡學習成績優秀的幾位同學有正向回饋。但在每一位同學的期末評語裡，老師都會寫上不同的評價，比如有的同學雖然學習成績好，但不愛運動，未來要加強訓練。

工作後，我們也會從老闆、同事之間得到一些關於自己的評價。老闆可能覺得我們工作非常努力和用心，但需要全面考慮問題。同事也會覺得我們的工作能力不錯，但可能需要花時間學習職場規則。

從學生時代到工作，他人「評價回饋機制」一直伴隨著我們。透過參考這些評價，我們可以做到有則改之，無則加勉。

時間管理的他人評價的作用也是如此，透過聽取他人、第三方的評價，我們能從多個角度分析自己的時間管理情況。

身為職場人士，你可以「月」為參考單位，製作一份評分表給身邊幾位朋友、同事，讓他們對你的時間管理進行評分，看看大家的評分與你自己評估的分數是否一致。

評分表的維度和分數可以參考以下內容，也可以自己設定。

A. 對你每月工作的完成程度（1～10 分）。
B. 對你工作的滿意程度（1～10 分）。
C. 請同事、朋友把你在時間管理方面做得好的 1～3 件事寫出來。
D. 讓他們分別寫出你在某項具體工作上，對時間管理做得還不夠好的地方和可以改進的地方。

身為學生，你可以把評分表裡的「工作」替換為「學習」，請老師、父母、同學對你評分，分析你的優點和缺點。

## 3. 綜合評價

綜合評價是指利用自我評價和他人評價，做一個全面的、綜合的判斷，從科學的角度看待自己的時間管理成效。

比如，你雖然對大部分待辦事項都完成得不錯，已經把自我提升時間安排得井然有序，但是在開會、與朋友見面時，總是會遲到。如果只從自己的評價出發，可能就會對自己評價過高；但是從他人的評價出發，你就會明白自己在守時方面確實還需要不斷改進。從綜合評價出發，你能明白自己大部分情況下都還不錯，只需要在少數情況下改變即可。

如果你對自己的時間管理評價很高，但是他人對你的時間管理評價評分都偏低，你就要考慮自己的時間管理是否出了問題。在他人評價裡，幾位同事都覺得你工作拖沓、做事不分主次，甚至老闆也這樣認為，那你的確需要認真反思和改正。我們做時間管理要避免自我感覺良好，學會傾聽意見，只有這樣才能讓我們變得更優秀。

比如線上商店客服邀請你對某款商品進行評價，也是利用了綜合評價原理──邀請足夠多的使用者對商品進行客觀評價，才能證明該商品在消費者眼裡是不是一個好產品。

你不妨多嘗試幾次邀請他人評價和綜合評價，這樣能更直觀地看到你每月在時間管理方面取得的進步，看到自己努力的結果，同時也能查漏補缺，身邊的人也能發現你的進步。

# 第 8 節
# 自我提升時間案例：一年讀 90 本書

這是我的親身實踐。

我也沒想過自己可以在一年時間裡讀完 90 本書。

一直以來，我沒有強制要求過自己一年必須讀完多少本書。

2021 年，我為自己設定了一個目標：一年讀 90 本書。當時身邊的朋友聽到這個數字後都試圖勸退我，覺得我的工作本來就很忙了，哪能抽出時間閱讀那麼多書。

我一年讀 90 本書的閱讀量與許多優秀的人相比簡直微不足道，但與過去的我相比確實有進步，我也體會到書中的快樂。

從一開始心裡沒底、不知能否完成該目標，到 2021 年 12 月底達成目標，整個過程令我感慨萬千。我想與各位讀者分享讀書的好方法，與大家一起多讀書，讀好書。

## 1. 找對方法很重要

一年讀 90 本書，平均每個月就是 7.5 本書；如果想提前完成目標，或者說不想等到最後的截止日期，我每個月至少得讀 10 本書。

如果我按照原計畫，每月讀 10 本書，那麼我在 2021 年 10 月之前可以讀完；如果沒有按計畫完成，但是只要利用一切碎片時間抓緊閱讀，

到年底時也不會有太大的壓力。

所以我最終定的目標是：每個月讀 10 本書，也可以改為平均每月讀 7.5 本。

這樣計算下來，我平均 3～4 天需要讀完一本書。平時因工作忙不一定有那麼多的專注時間閱讀時，怎麼辦？

仔細思考後，我決定利用早晚的時間閱讀，搭配時間管理方法裡的「番茄工作法、四象限法則、GTD 法則」使用。

A. 番茄工作法的使用：每天上午 9:00 上班前，為自己預留 30 分鐘進行閱讀；晚上 12:00 睡覺前，再預留 30 分鐘閱讀。每天剛好是一個番茄鐘的時間。

B. 四象限法則的使用：如果某一週下班後、週末的空餘時間相對較多，我會多留些時間閱讀，完成四象限法則裡讀書這件重要且緊急的事。同時，我也會減少不必要的外出、社交活動，把時間留給閱讀。因為週末休息時間有限，如果我在其他不重要不緊急的事情上花費過多時間，那麼對閱讀這件重要緊急的事情所能支配的時間就會變少。

C. GTD 法則的使用：提醒自己每個月要讀 10 本書，想偷懶的時候就會在心裡默念這個目標，無論如何都要花時間閱讀。想到自己的榜樣也在努力讀書，就提醒自己把握一切可利用的時間閱讀，無論是碎片化時間還是專注時間。

每個人每天都是 24 小時，如何分配時間決定了你將成為什麼樣的人，會有哪些收穫。

把大部分業餘時間、碎片時間用來閱讀後，我在 2021 年的社交活動減少了許多，好在身邊的朋友們也理解和支持我，大家雖然見面少了，

第 2 章　自我提升時間：訓練出你的核心競爭力

但可以線上溝通，等我結束「閉關修練」後，大家看到一個全新的我也是一件令人開心的事。

用這些時間管理法進行規劃後，我發現一年讀 90 本書的目標不再遙不可及，而是精確地分配到每一天、每一個早上上班前和晚上睡覺前的 30 分鐘裡。

我用一年的親身實踐證明，該方法確實能培養每天的閱讀習慣。無論是大人還是小孩，都可以根據自己的實際情況使用這些方法，合理安排自我提升時間，逐漸培養自己的核心競爭力。

## 2. 執行力

2021 年有段時間我出差較多，早出晚歸，每週都在不同的城市工作。但為了保持閱讀習慣，出差期間我會攜帶 Kindle 和一些紙本書，每天利用碎片時間翻閱它們。

無論是電子書還是紙本書，最重要的是開始「閱讀」這件事情，不能把出差繁忙作為藉口，中斷每週的閱讀計畫。無論是工作還是學習，只要有想法且符合正確的方向，確定目標後的執行力如何決定了你的大部分結果，否則，你有再好的想法，不行動起來一切都是空想。

無論走到哪裡，我心裡每天都牽掛著我的「讀 90 本書」的目標（刻意練習法），畢竟是自己的心願，無論如何都要努力實現。

為了實現這個目標，我不僅利用專注時間閱讀，還利用一切碎片時間閱讀。無論是 5 分鐘、10 分鐘，還是 1 小時，也無論是在乘坐交通工具還是在咖啡館等人，只要有空閒我便會打開書閱讀。

第 8 節　自我提升時間案例：一年讀 90 本書

當堅持到最後的時候，我發現：只要找到科學化的方法加上做好時間管理，我可以一年讀 90 本書。

其實，2021 年我讀了不止 90 本書（把一些文獻和論文計算在內）。最大的感慨是，讀書真的能夠產生像滾雪球一樣的複利效應。我讀過的書越多，我的知識儲備量就越大，我的知識體系就變得更全面。

同時，我的「閱讀速度」也變快了，「閱讀品質」變得更高，在兩個面向都朝好的方向延伸。每當有朋友讓我推薦不同領域的書時，我都能脫口而出，並用自己的語言總結出這本書講了什麼、對我有什麼啟發和幫助。

讀完書，我會透過寫書評輸出，在實踐中搭建自己的「輸入和輸出」體系。

這些都是我人生中寶貴的精神財富。

## 3. 從他律到自律

我為什麼突然為自己定了一個「一年讀 90 本書」的大目標呢？

2020 年年末，我在社交平臺發了一條動態消息：「這篇貼文收到幾個讚，我今年就讀多少本書，截圖為證。」5 分鐘內，有許多人為我的這條動態點讚，直到第 89 個人點讚時，我突然變得惶恐起來：我今年真的能讀完這麼多本書嗎？於是，當第 90 個人點讚後我告訴大家「到此為止」。

自己定下目標發貼文並截圖為證，等於為自己立下了一個「旗幟」（flag），那麼多人盯著我，如果年末沒實現這個目標，我會感到非常慚愧。

第 2 章　自我提升時間：訓練出你的核心競爭力

言出必行，說出口的話要努力兌現。

2021 年第一天，我起床後的第一件事就是「拿起一本書閱讀」。讀完一本後，我會拍照下來並寫一篇簡單的讀後感發到我的社群媒體動態上，讀者會給我一些留言回饋。

讀到特別喜歡的書，我會寫讀書筆記和書評。

讀書筆記是寫給自己看的，書評是寫給讀者看的。兩者對我的閱讀和學習都有幫助，但兩者之間大部分內容有差異。

對於讀書筆記，我習慣用自己的方法來記錄，即怎麼方便怎麼寫，只要自己看得懂就行。但書評不能這樣寫，書評需要介紹：這本書的大致內容；為什麼推薦或喜歡這本書；讀者能有哪些收穫和共鳴。

從開始利用社交平臺監督我閱讀，不斷提醒自己完成該目標，到後來變成自律，每天我都抓住一切可利用的時間進行閱讀，無論時間長短。

## 4. 變成讀書部落客和書評人

寫書評成為習慣後不僅讓我變成了一位讀書部落客和書評人，也讓我收到一筆稿費。寫作和讀書這兩件事成為我愉快的副業。

身邊的朋友、讀者看到我的讀書動態後幫我點讚，若是對我的書單感興趣，就會購買相應的紙本書或電子書閱讀。有一位讀者對我說：「當我不知道看什麼書的時候，翻看丹妮姐的貼文，總能找到自己喜歡的書。」

我很喜歡讀書和寫作的「輸入和輸出」過程，這不僅能幫我釐清思路，還能幫助更多讀者一起堅持讀書。

## 第 8 節　自我提升時間案例：一年讀 90 本書

終身學習，知行合一。

在大量閱讀各類書籍的過程中，我感受到了知識的「複利效應」——透過閱讀獲得的知識就像滾雪球一樣朝著一個方向越滾越大，那些一路上累積的「小雪球」合起來，漸漸變成了一個「大雪球」。它們使我能精進寫作、與朋友交流、做讀書會……這讓我感到十分慶幸，也讓我更想繼續遨遊在知識的海洋裡。

我願與各位讀者一起做好時間管理，多閱讀，累積能量，待勢而起。

# 第 2 章　自我提升時間：訓練出你的核心競爭力

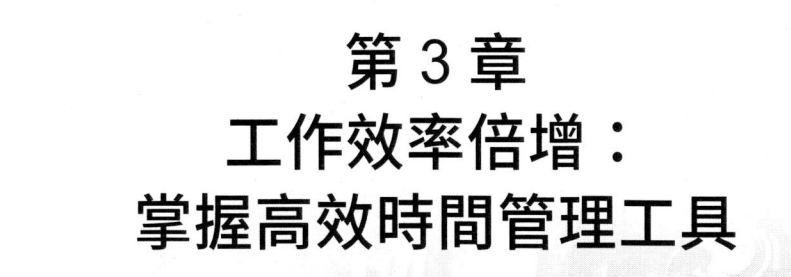

# 第 3 章
# 工作效率倍增：
# 掌握高效時間管理工具

第 3 章　工作效率倍增：掌握高效時間管理工具

# 第 1 節
# 斷捨離：時間管理也需要放棄

如果你在高工作強度的產業上班，那麼每天的工作任務有可能大到令你喘不過氣來，不得不加班完成。你每天都想透過時間管理合理分配工作任務，但實際上毫無頭緒，每天結束工作後只想趕緊睡覺。你要想改變這種狀態，可從工作時間的「斷捨離」開始：把一些事從工作時間裡刪除，確保該時段只專注完成幾件事；選擇放棄一些對自己的工作沒有幫助的事情。

## 1. 斷

斷，即切斷外界的干擾。工作時間內，只打開和工作相關的資訊網頁、文件，關閉通訊軟體。在資訊爆炸的時代，這個方法能幫助我們過濾一些可能會影響工作的資訊。

有段時間，我每天早上 9:00 開始工作的時候，第一件事就是打開電子信箱查看郵件。但隨著時間的推移，我發現這件事影響了我正常的工作。每天早上查看信箱、回覆郵件，至少會花費我 30 分鐘的時間，而我在工作時間內又需要大量的專注時間用於寫作，無形中我的專注時間就被回覆郵件這件事占據了。

於是，我開始嘗試改變自己的工作時間：每天早上 9:00 完成的第一件事，不再是打開信箱，而是打開文件寫作（開會時間除外），花一兩個

小時把寫作這項工作完成後再做其他事情。在寫作的這段時間，我把通訊軟體也關閉了，把手機調成震動模式，只專注寫作，外界的資訊都不會對我產生干擾。而對於回覆郵件和訊息，我選擇在碎片時間裡完成。透過重新安排完成工作任務的時間並隔絕外界干擾，我實現了最高效率利用工作時間的目標。

我一直認為自己還算自律，但有時也會被電腦網頁彈出的通知干擾，浪費時間瀏覽彈出廣告中的網頁，過後又感到後悔。如果實在想看這些資訊怎麼辦呢？可設定一個「及時停止」的 5～10 分鐘的鬧鐘，告訴自己，鬧鐘一響就停止瀏覽目前的通知，無論你看到哪裡了，都應立刻關閉網頁，重新回歸工作。

也可以採用心理暗示法。每次當我想繼續瀏覽廣告網頁時我會告訴自己：我如果每天都把部分時間浪費在無效瀏覽中，那麼時間久了，我的工作就不容易獲得新成就。權衡利弊後我決定關閉這些網頁，繼續專注於當下的工作。

不要認為這個小小的改變微不足道，它能讓你及時止損，不浪費更多時間。在這個網路化時代，我們很容易受到外界資訊的干擾，手機上每天彈出的上百條資訊、網頁裡滿屏的新聞、各種短影片平臺的推送，這些內容吸引我們隨手點選閱讀，如果每天花費半小時甚至更多時間，就會導致工作效率降低。

我以前在需要查閱文獻的時候，總是一邊寫一邊查閱，這樣做會使我的思考隨時被打斷，因為總有一些新的文獻資料需要花費大量時間去閱讀並理解。後來，我改變了順序：我把寫內容的時間安排在前面，把每一篇內容的框架結構都搭建好，查文獻和修改的時間放在後面。這樣做後，效率得到大幅度提升。寫作時只專注於創作，不要想其他和創作無關的事。

## 第 3 章　工作效率倍增：掌握高效時間管理工具

如何界定自己專注工作的時間呢？萬一太過於專注而導致一個上午只做完一項工作任務該怎麼辦？其他待辦事項如何處理？

我在手機裡設定了一個專注鬧鐘：每天專注寫作這項工作 1 小時，時間到了鬧鐘會響起，提醒我該做下一項工作了。若是當天的後續工作任務不多，預估自己當天能完成，我就繼續專注寫作 1 小時，最多累計 2 小時，我就會換下一項工作。若是當天的工作任務較多，我就立刻停止寫作，開始下一個時段的工作任務。這樣做能讓我在專心工作的同時又不會因為太專注而忘記後續的待辦事項，也便於我因長期做某項工作而導致靈感不足，換一項新任務也是換一種思考方式工作。如果從早到晚都在寫作，大腦也會感到疲倦，甚至後來發展到整個人盯著螢幕發呆，不知道該寫什麼。透過寫作這件事，我明白了適當切換工作的重要性。

## 2. 捨

所謂「捨」，就是捨去不適合當天、近期完成的工作任務。我們有時感到工作任務太多，是因為沒有分清楚哪些工作是當天、近期內必須完成的，哪些是只要長期做好就可以的。加上由於前期拖延而落下的部分工作任務，工作上的事情越來越多，便導致所有的事情在短期內全部累積到一起，讓我們不知該從何處著手處理。

你可以採用前面章節學過的「四象限法則」，把每天的工作任務分配好後，捨去幾項不是當天必須完成的任務，留出更多時間完成那些有難度、耗時的任務。對我而言，每天的工作中可捨去的幾項任務是：回覆郵件、整理辦公桌、做檔案的備份。若當天的工作較難處理，可以先把

有難度的工作完成；對暫時不完成的一些簡單任務，可根據實際情況把它們往後延幾天，選擇在碎片時間完成。

從現在開始，對每天、每週的工作事項進行一個簡單的取捨吧。

剛開始，「捨」可能讓你感到不適應。你可以採用微小習慣法，即每天只捨去一個不用完成的小任務。我們在面對巨大改變的時候，往往會出於對結果未知的恐懼，不想面對。但是當我們只需做微小改變時，內心就不會感到恐懼，也願意試圖改變。所以，我們在做時間管理時，面對「捨」，不妨從這個方法開始，堅持 7 天、21 天、100 天，相信每個階段都會有新的收穫。

## 3. 離

所謂「離」，就是遠離安排滿滿的工作時間，每週留出少量時間應對那些突發工作。有一次，我把本週的工作任務安排得滿滿的，以為這樣的安排能讓我變得高效，但是由於事先沒有留出處理突發事情的時間，一些突然到來的工作讓我手忙腳亂，導致工作效率大幅度降低，狀態也不太好。

後來我在回顧時發現，自己錯在把時間安排得太滿了，導致沒有時間，應對突發事情或工作計畫被打亂時就不知該如何是好。從那以後，我每週都會留出至少 3～4 個小時的時間，以應對可能突發的工作。

有讀者或許會問：「萬一留出來的時間沒有突發工作，豈不浪費了？」當然不會，即使沒有突發工作，這部分時間我可以用來學習知識或做一些查漏補缺的工作。工作時間不能安排得太滿，要預留出一些給

突發情況，工作量太大會讓自己感到疲倦，導致難以長期堅持做時間管理。

在工作時間管理方面，如果你一開始就把「斷捨離」這個方法弄清楚並成功實踐了，就會少走許多彎路，從而把時間留給真正重要的事情。

## 第 2 節
## 便條紙、小卡片：移動的時間管理工具

便條紙能發揮一些臨時性的功用——隨手記錄一些零碎資訊，如一個手機號碼、一串簡單字元等；又或者用它記錄一些單字。其實它的作用不僅限於此，還有很多功能等待我們去開發。

接下來我與大家分享我一直在用的「便條紙、小卡片時間管理法」。

開始前，你需要準備以下物品：

A. 彩色便條紙 1 本，尺寸不限制，如果是不同顏色的疊加在一起更好。
B. 黑色筆 1 支或彩色筆若干支。
C. 尺 1 把，有刻度的更好。
D. 筆記本 1 本，至少有 2 頁內頁沒有使用過。
E. 小卡片 10 張左右，尺寸不限制。

做好準備工作後，進入下一階段的學習。

## 1. 普通版「便條紙、小卡片時間管理法」

把當天工作中的一些臨時、瑣碎的待辦事項按照順序寫在便條紙或小卡片上，如：老闆臨時安排你做一個客戶回訪，截止時間是下班前；同事求你去餐廳時為她帶回一杯咖啡，順便買幾支筆；客戶臨時傳訊息來，需要一份公司案例簡介……這些內容，你都可以寫在便條紙或卡片上，隨後貼在辦公桌前或任意顯眼的位置，提醒自己不要忘記。

第 3 章　工作效率倍增：掌握高效時間管理工具

為什麼要這麼做呢？

依據第 1 章的時間管理法，每天固定的工作待辦事項，你可能早已安排好並寫在筆記本上。當天的待辦事項，你的筆記本可能已經寫滿，導致不太方便增加臨時的工作內容。而採用便條紙法可以把這些新的臨時內容梳理好後，貼在筆記本當日那一頁，以提醒我們要在下班前把這些臨時的工作完成。

便條紙容易撕下來且可多次使用的特點，讓寫在上面的待辦事項隨時「可移動」。即使你被臨時安排外出工作，也可以把某張便條紙撕下隨身攜帶，以提醒自己外出時不要忘記未完成的工作事項。

我平時會在包包裡放一本彩色便條紙和幾支不同顏色的筆，遇到一些臨時工作需要記錄時便可寫在便條紙上。哪怕我沒在辦公室，也能把便條紙的內容貼到手機背面，提醒自己在已完成的事項後打勾，在沒完成的事項後打叉。有一次外出辦事時，我突然接到一個電話，要求我在下班前把公司資料發送到某機構信箱裡。我把這件事先寫在便條紙上，在午休的時候，開啟電腦完成了此事。在外辦事時，人們很容易遺忘一些臨時的工作，而一些事情若是耽誤了，可能會錯過一個好機會。我曾經因遺忘了截止日期，錯過了一個投稿的好機會，導致我後來花五倍的時間和精力去彌補。從那以後我就不斷提醒自己，對臨時的事情一定要迅速記錄下來並在截止日期前完成。

## 2. 進階版「便條紙、小卡片時間管理法」

進階版「便條紙、小卡片時間管理法」還需使用小筆記本、尺。

用筆和尺在筆記本上按照上午、中午、下午、晚上四個時段，畫出

第 2 節　便條紙、小卡片：移動的時間管理工具

一個座標軸，可以參考如圖 3-1 所示的排版方法。

在筆記本裡把排版步驟完成後，可用不同顏色的便條紙完成臨時工作的安排。例如：黃色便條紙，貼在上午時段；藍色便條紙，放在中午時段；綠色便條紙，放在下午時段；粉色便條紙，放在晚上時段。

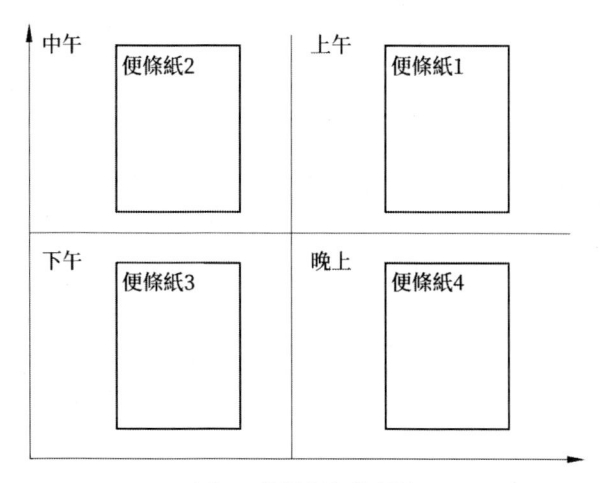

|  中午 | 上午 |
| --- | --- |
| 便條紙2 | 便條紙1 |
| 下午 | 晚上 |
| 便條紙3 | 便條紙4 |

圖 3-1 進階版便條紙法

如果在一天的時間裡突然接到一些臨時工作任務，那麼可在不同時段寫上不同的臨時事項，以幫助自己區分這些任務是什麼時候布置的、什麼時候是任務的截止時間。

為什麼要用顏色區分呢？因為我們的大腦對不同的顏色、圖案天生有喜愛偏好。若長期使用同一種顏色的便條紙和筆，大腦就會產生疲倦感。

這就是我們的交通指示牌要使用色彩鮮豔的螢光色的原因──即使遇見晚上和下雨天，只要車燈的光反射到指示牌上，就能看清楚標識，提醒自己需要注意安全。同樣道理，我們的大腦在長時間工作後容易感到疲倦，你可以用彩色的便條紙和筆，幫助大腦從眾多工作任務中辨識

某些重要資訊，提醒自己不要忘記它們。

由於便條紙、小卡片方便攜帶，你可以隨時隨地檢查自己的臨時工作是否全部完成。如果使用小卡片，需用透明膠帶或膠水把它黏貼在筆記本裡。小卡片的優點是你可以把它當作一個書籤夾在筆記本裡。

你還可以把同事之間共同合作的工作寫在幾張便條紙上，在約定時間拿給同事或貼在對方的辦公桌前，提醒他們在截止時間前共同完成並提交工作。這樣做的好處是你不必與同事個別交流，也不用擔心對方外出時不方便溝通，對方只要看見便條紙上的內容和截止時間，就會明白如何安排時間與你一起完成這項工作。

### 3. 創意版「便條紙、小卡片時間管理法」

學會前面兩種方法後，你不妨試試創意版的便條紙時間管理法。

(1) 在辦公桌上貼便條紙、小卡片。以「週」為單位，在你的辦公桌前準備 5～7 張便條紙、小卡片，寫上「星期一」到「星期五」後依次貼到桌面上。每天的臨時工作都可寫在上面，隨時提醒自己檢視它們。

一週結束後，這些便條紙、小卡片先別忙著丟掉，你可以把它們收藏在一個小盒子裡，或貼在一本空白筆記本裡。小卡片方便收藏在盒子裡，便條紙方便貼在空白筆記本裡。你可以根據對應的時間順序給它們編號，或按照周順序用訂書機把它們裝訂起來。一個月、半年結束後再回顧時，你的心中會充滿成就感──原來不知不覺中，自己已經完成那麼多的工作了。

(2) 便條紙、小卡片＋四象限法則。你可以把時間管理裡的四象限法

## 第 2 節　便條紙、小卡片：移動的時間管理工具

則和便條紙、小卡片搭配使用，形成一個新的矩陣，如圖 3-2 所示。

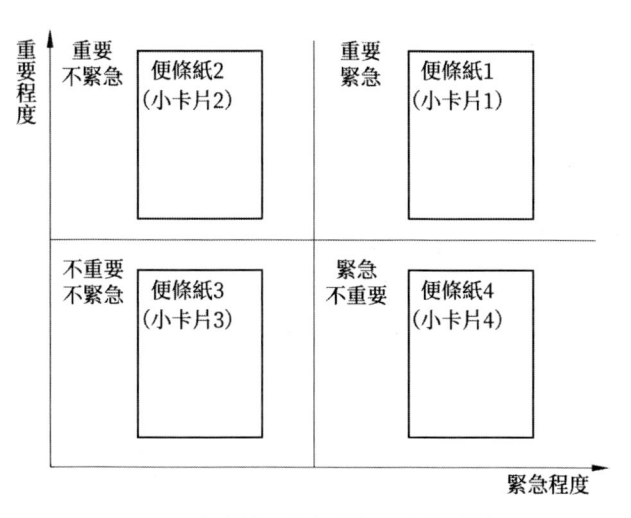

```
         重要
         程度
          ↑
    重要  │  便條紙2    │  重要     便條紙1
    不緊急│ （小卡片2） │  緊急    （小卡片1）
    ─────┼─────────────┼──────────────────→
    不重要│  便條紙3    │  緊急     便條紙4
    不緊急│ （小卡片3） │  不重要  （小卡片4）
                                    緊急程度
```

圖 3-2 四象限法則和便條紙、小卡片搭配圖

以「天」或「週」為單位，把它們貼在顯眼的位置，可方便你處理待辦事項。

如果使用小卡片，可直接在該卡片上繪製四象限，也可用四張卡片分別作為四個象限的板塊，拼接在一起後放在顯眼位置。

你還可以用一些特殊符號加深視覺印象，提醒自己這些任務的輕重緩急程度。

總之，以上幾個簡單又高效的時間管理法，對你處理工作的待辦事項大有幫助，也能提升你的工作效率。大家不妨從現在開始行動，拿起身邊的筆和便條紙一步一步實踐起來吧。

第 3 章　工作效率倍增：掌握高效時間管理工具

## 第 3 節
## 時間軸管理法：釐清每個小時的工作任務

你是否有這樣的感覺：每當忙碌時，一天的工作時間轉瞬即逝；空閒時，則會覺得時間過得很慢。我們對時間的感知會因參照物不同而不同。忙的時候，你可能會忽略時間，參照物就只能以吃飯時間的鬧鐘或下班時間的鬧鐘為主。當時間稍微多一些時，你可以看手錶、手機的時間，你看得越頻繁，越會覺得時間過得很慢。例如，幾分鐘看一次手機，陸續看了多次後發現，時間才過去半小時；或你早上坐在辦公桌前工作，之後一直沒看時間，直到同事提醒你該吃午飯了，你會感慨時間過得很快，彷彿剛吃完早餐，結果轉眼就到吃午飯的時間了。

如果你嘗試用時間軸的方法做時間管理，就會驚喜地發現原來每天竟然可以多出幾個小時。為什麼呢？因為你已經把工作時間安排得滿滿的，清楚自己在什麼時候該做什麼事情，比起沒有規劃時間的狀態，你的工作效率會大幅度提升。你明白把某項工作完成後可以有大量時間做其他事，甚至完成所有的工作後即可下班回家。為了早一些回家，你也會主動提升工作效率。

時間軸管理法不僅可以用在工作上，還可以用在日常生活中。你可以在一本空白筆記本上自行繪製時間軸，也可以購買一本現成的時間軸筆記本。兩者我都使用過，但更喜歡自己繪製的筆記本。下面分享一個我的時間軸表格，在此基礎上你可以創新繪製自己的表格。

第 3 節　時間軸管理法：釐清每個小時的工作任務

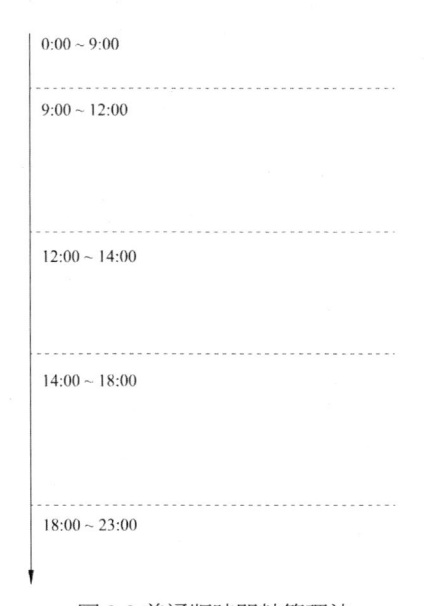

## 1. 普通版時間軸管理法

普通版時間軸管理法，如圖 3-3 所示。

```
0:00 ~ 9:00
----------
9:00 ~ 12:00
----------


12:00 ~ 14:00
----------


14:00 ~ 18:00
----------


18:00 ~ 23:00
```

圖 3-3 普通版時間軸管理法

需準備的工具：白紙 1 張（或空白筆記本 1 本）、尺 1 把、黑色筆 1 支、彩色筆 2～3 支。

以你每天起床的時間為起始時間，開始睡覺的時間為截止時間，做一個完整的時間軸記錄。例如，每天 7:00 起床，23:00 睡覺，在不同的時段，把不同的待辦事項分別寫入對應象限中。

這樣做有什麼好處呢？

你不僅可以明白每天的時間都花在哪裡，還清楚一項具體工作任務大概需要花費幾個小時。能夠幫助你在下次做類似的工作時準確預估時間，實現時間利用最大化，避免浪費更多時間，以達到效率的提升。

第 3 章　工作效率倍增：掌握高效時間管理工具

比如，我第一次做客戶回訪工作時，花費了 1 小時與客戶面談，來回路上花費 1 小時（在時間軸上的 14:00～18:00 寫出此項任務）。待下次去做其他客戶回訪時，我心裡便清楚完成這項工作至少需要 2 小時，可以把當天的剩餘時間分配給其他工作。

## 2. 進階版時間軸管理法

你還可以嘗試使用進階版的時間軸管理法，讓你的時間軸內容變得更豐富，如圖 3-4 所示。

|  |  |
| --- | --- |
| 起床時間 | 早上7點，睡眠總時長共7小時<br>起床後工作時間為9:00～12:00<br>午休30分鐘吃飯+小憩一會 |
| 閱讀時間 | 早上上班前閱讀15分鐘<br>晚上睡前閱讀30分鐘 |
| 運動時間 | 中午全身放鬆運動5分鐘<br>晚上運動20分鐘 |
| 學習時間 | 早上碎片化時間複習10分鐘<br>中午碎片化時間複習10分鐘<br>晚上專注學習2小時 |
| 今日待辦事項 | |

圖 3-4 進階版時間軸管理法

需準備的工具：白紙 1 張（或空白筆記本 1 本）、尺 1 把、黑色筆 1 支、彩色筆 2～3 支。

## 第3節　時間軸管理法：釐清每個小時的工作任務

你可以參考我的排版繪製，也可以自由發揮。

你可以增加一些新的內容：

(1)每天起床時間、睡覺時間。

(2)每天閱讀時間、運動時間。

(3)待辦事項。

(4)備忘錄。

(5)當日總結。

……

把新內容新增到時間軸表格後，你就可以進行全面的時間管理和回顧。該進階方法特別適合職場人士，職場人士的工作和生活沒有明顯的界線，下班後可能依舊要回家加班，不如利用一整天的時間，把工作和生活規劃好。

例如，我會把運動時間安排在中午休息時段或下班前。

晚上睡覺前，我在時間軸上劃分出 30 分鐘左右的時間，一般 22:00～23:00 我會睡前閱讀，然後盥洗睡覺。第二天 7:30～8:30 我會在時間軸裡留 30 分鐘時間用於晨讀，之後開始新一天的工作。

我會在待辦事項裡寫上當天某些臨時的工作任務，以便自己隨時檢查工作進度條。

每日總結板塊，我會用三句話總結當天的工作，用一句話總結當天的狀態。

第 3 章　工作效率倍增：掌握高效時間管理工具

## 3. 圓餅形時間軸管理法

圓餅形時間軸管理法，在視覺上好像一個時鐘。它在不斷提醒你：時間轉瞬即逝，要合理安排每個小時的工作任務。

你需要自己繪製圓餅形時間軸管理表格。繪製好模版後，可影印多份，以便後續使用。

我的圓餅形時間軸管理表格，如圖 3-5 和圖 3-6 所示。

以 12 小時為一個圓餅時間軸，每天的時間分為兩個圓餅時間軸，在兩個圓餅時間軸裡對時間進行詳細規劃。下面的例子是我某一天的時間安排。

(1) 第一個圓餅：0:00～12:00。

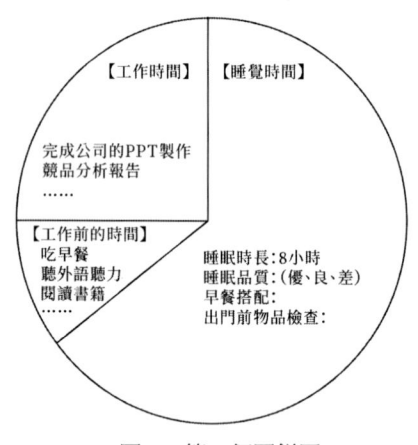

圖 3-5 第一個圓餅圖

11:00～7:00：睡覺時間。睡眠時間充足，才能精力充沛地工作和學習。

7:00～9:00：工作前的時間。盥洗、吃早餐、閱讀書籍、練聽力……

9:00～12:00：上午工作時間。9:00～10:00 公司會議，10:00～11:00 去客戶公司談業務，11:00～12:00 寫競品分析報告。

第 3 節　時間軸管理法：釐清每個小時的工作任務

(2) 第二個圓餅：12:00～24:00。

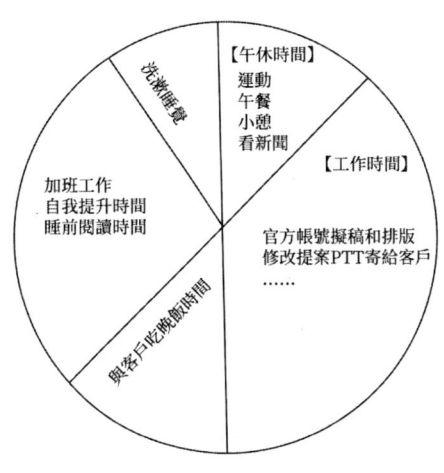

圖 3-6 第二個圓餅圖

12:00～14:00：午休時間。12:00～12:30，去健身房鍛鍊；12:30～13:00，吃午飯；13:00～14:00，小憩 30 分鐘後閱讀新聞或書籍。

14:00～18:00：下午工作時間。14:00～16:00，完成官方帳號內容的擬稿和排版；16:00～17:00，修改提案 PPT 發給客戶；17:00～18:00，寫第二天活動的發言稿，檢查當日未完成的工作事項。

18:00～20:00：與客戶吃晚飯時間。

20:00～23:00：回家完成加班工作、自我提升時間、睡前閱讀時間。

23:00～23:30：盥洗睡覺。

圓餅時間軸法適合喜歡將時間管理視覺化的族群。你可以貼上一些小貼紙或畫一些手繪圖案等，讓畫面具有美感。可以 7 天、21 天為週期進行繪製，完成之後，把紙本版資料存檔。看著自己每一天的時間花費都分配在一個個圓餅時間軸裡，你會很有成就感，也能更好地鼓勵自己繼續認真做時間管理。

(3)時間軸管理法的優勢。在筆記本上列出一件件待辦事項是最傳統、最基礎的時間管理法。在此基礎上，加上時間軸、睡眠時間、起床時間、運動時間等內容，就是進階版的時間管理法，它能使我們每一天的時間安排都一目了然。透過時間軸管理法，我們能夠清楚 24 小時都花在了哪裡，明白不同的時段該做什麼事情。

你還可以將第 1 章介紹的「柳比歇夫法則」與時間軸管理法搭配使用，這將是一種新的體驗。

這三種時間軸管理法中，總有一個適合你。

# 第 4 節
# 切香腸法：把任務進行分解

有一次，我收到一位讀者的私訊，她說：「我已經堅持好幾天做時間管理了，但效果看起來還是不太行。」我問她是如何操作的，她說把待辦事項寫在筆記本上，根據列表完成事情，最後發現許多事情都無法完成。我問她是否把每個待辦事項二次拆解，比如某個待辦事項很難在短期內完成──需要 30 天的時間，每天完成一點。她說沒有拆解，只是在筆記本裡寫出要完成的事，結果只把簡單的完成了，但難一些的還是沒有完成。

以上案例說明了做時間管理的一個錯誤：你只是列出待辦事項想去完成它，卻從不對這些待辦事項進行評估。實際上，有的事確實容易完成，而有的事需要較長時間完成。對於那些需要較長時間去完成的事，你可以用「切香腸法」把它們分解，這樣就不會在開始執行時感到困難。

很多人之所以一直拖延著重要、艱鉅的任務，一方面是因為沒有足夠的時間，另一方面是因為第一次遇見困難的工作，就把它想像成一個龐然大物，你便會感到膽怯和恐懼，以致望之卻步。

「切香腸法」的原理是：你每天都要吃掉幾根香腸，如果一口氣把它們吞掉，的確不是一件容易的事；但是，如果把它們切成一片片的，再一口口吃下去，就會變得容易多了。要學會把一個不易完成的任務、目標進行拆解。我們在完成一些較困難的工作時，可用「切香腸法」把它們依次拆解，然後每次或每天只切其中的「一片」，等到「香腸」被切完

了，你的任務也就完成了。

如何讓「切香腸」變得更有效呢？

首先，你的「香腸」不能太長。這用來比喻你的任務、目標不能定得太離譜，否則很難分解和實現。例如：你的目標是摘天上的星星，這就非常離譜；但如果你制定的目標是堅持健身，便把它分解為每天訓練30分鐘，用21天的時間完成，就很容易實現。

我用「切香腸法」為自己制定了一個「21天練習鋼琴」的計畫，每天至少練琴30分鐘，同時督促自己複習過去所學的知識。首先，在這21天裡我沒有出差計畫，這可以確保我居家練琴的時間；其次，為了達到更好的練習效果，同時不影響鄰居，我把練琴時間盡量安排到20:00～21:00；最後，每次練琴後我會做一份記錄，每次翻看記錄情況能使我練琴的動力更大。

其次，你如果需要同時切幾根「香腸」，那就要權衡先切哪一根。這用來比喻，如果你同時有幾項較難的工作任務，則須評估自己的時間和精力進行合理安排。

有段時間，我同時面臨著多項工作任務：解決客戶提案、修改公司簡介、填寫創業比賽申請表、拜訪客戶等，每一項都很重要，不行動只煩惱是沒有用的，我得快速把它們整理好，決定先完成哪一項任務。最終，我把「拜訪客戶」和「修改公司簡介」這兩項任務先暫停，等下週有空時再完成。我選擇先完成「客戶提案」這項工作，再利用下班時間完成「填寫創業比賽申請表」這項工作。如果當時我不把任務的先後順序思考清楚，就盲目做事，很可能最後我每一件事都做不好，或者只能做好其中的一件事。

後來遇見類似需要平衡時間的任務時，我便利用「切香腸法」行事，

## 第 4 節　切香腸法：把任務進行分解

每次都可以把事情處理妥當，同時也讓客戶看到我的工作進度。我把這個方法分享給身邊的同事、朋友，他們實踐後也覺得好用，還告訴我完成某項有難度的工作任務後內心不再感到惶恐。

如果你的工作任務要同事配合完成，如何利用「切香腸法」呢？

我是這樣做的：先把這些「香腸切片」送給不同的同事，告訴他們這是來自哪一個專案的「香腸」，讓同事明白這項工作需要做什麼、任務被切成了幾片，每個人都要拿走其中的一片且必須在一定時間內「吃掉它（完成它）」，大家齊心協力共同完成任務。這樣做要比你逐一與同事溝通某個任務效果更好，因為大家既知道共同目標是什麼，也知道自己的單獨目標及工作時長，從而實現團隊合作。

此方法適用於有難度的任務或陌生的任務，當你對處理這些任務感到得心應手時，可增加新的「切香腸」任務。例如：持續跑步 21 天，持續 7 天每天為自己做早餐，持續 30 天用每天的早晚時間閱讀……

當然，我們第一次「切香腸」的時候（面臨未處理過的任務），別把它想像得很難，也別追求完美，用客觀的態度看待，同時保持良好心態──哪怕結果只完成了 80%，也勝過原地踏步沒有行動。

有些工作當天無法完成，只要截止日期未到，都有時間完成。在當天無法完成的情況下，你可以第二天繼續完成。你可以做任務預估，評估完成某個任務大概需要幾天、每天需要多少時間。在後續「切香腸」時，你不會因時間不足而感到焦慮。

如果切到一半不想切了，怎麼辦？

做時間管理經常會面臨這樣的情況：某個待辦事項剛做到一半時，感到後續的任務太艱鉅，以至於不想再繼續下去了。此時，你可給自己多一些正向的心理暗示，告訴自己任務已經過半了，如果半途而廢比較

## 第 3 章　工作效率倍增：掌握高效時間管理工具

可惜，雖然任務艱鉅，但只要放手一搏，或許會得到一個不錯的結果。如果真的放棄了，那麼前面所有的努力都白費了。要努力完成任務，至少可以看到最終結果。

在「切香腸」的過程中因外界原因突然暫停或停止了，怎麼辦？

所謂外界原因，比如，主管突然告知團隊，某項任務永久停止，大家從今天開始不用繼續做該任務了。這時你不要感到氣餒或覺得浪費了時間，想想自己從開始到現在一直在為專案認真努力，不後悔就行。況且在努力工作的過程中，你也收穫了一些經驗，這些經驗在未來能讓自己的工作能力得到提升。若因其他同事太慢導致該任務暫停，你可以先做其他任務，等待主管新的指示。比如在 A 專案裡，你是進度較快的一位員工，主管讓你暫停該專案的工作，等其他同事的進度趕上時，你再繼續做。此時你可先做 B 專案的工作，或用這段時間總結自己近期的工作情況。

若你想見證自己的改變，可以在「切香腸法」基礎上搭配使用一份簡單的打卡表格，以便把每天完成的「香腸片」記錄下來。比如，你的任務是持續 30 天早晚閱讀，可用「切香腸法」和打卡表格共同做紀錄。

拿一張空白的 A4 紙，把你的目標寫在頂端，繪製一個表格，每格代表 1 天，一共 30 天。在每格內從 1 開始依次寫上數字，直到 30。每「切」完一片「香腸」，就在格裡記錄任務進度並打勾，未「切」完就在格裡打叉並寫上原因（主觀或客觀原因）。這樣做能讓你更直觀地看到自己的任務進度，你也可以把此表與身邊朋友分享，用自己的行動對他們產生良好的影響。

30 天的任務表格如表 3-1 所示。

## 第 4 節　切香腸法：把任務進行分解

表 3-1 30 天的任務表格

| 1 | 2 | 3 | 4 | 5 | 6 |
|---|---|---|---|---|---|
| 7 | 8 | 9 | 10 | 11 | 12 |
| 13 | 14 | 15 | 16 | 17 | 18 |
| 19 | 20 | 21 | 22 | 23 | 24 |
| 25 | 26 | 27 | 28 | 29 | 30 |
| （備忘錄） | | | | | |

　　你把 30 天的任務、目標完成後，還可以在末尾做一個簡短總結，甚至可以給自己一個小獎勵。如果任務中途暫停，你就花時間把中斷的某幾個任務抽空補上。若是連續好幾天都沒打卡，你就要反思並懲罰自己，只有獎勵而沒有懲罰，很容易讓該任務拖延下去。你還可以設定不同的任務，利用此表格督促自己務必完成。

　　當你開始行動時，做時間管理最困難的部分就已經完成了。我們不但要學會方法，還要把方法用於實踐。我希望「切香腸法」能幫你解決工作中的問題，助你做好工作時間管理，做一名職場效率人士。

第 3 章　工作效率倍增：掌握高效時間管理工具

## 第 5 節
## 「啊哈時刻表」：
## 記錄你的每一個工作創意、想法

做工作時間管理通常會有一個倦怠期，在這個時段，你一點兒也不想做時間管理，只想偷懶或對某項任務按下暫停鍵，這些都是倦怠期的正常反應。仔細想想，你的大腦不能保證一整天用於專注學習、工作，其間大腦也需要休息，更何況是長期做工作時間管理這件事呢？

在工作時間管理倦怠期，你需要做哪些準備工作，好讓自己整裝待發呢？

### 1. 製作你的「啊哈時刻表」

「啊哈時刻」指那些讓你頓悟、醒悟、靈光乍現的瞬間，即你在某個瞬間或時段突然感覺喜悅，並對某件事情有了頓悟，換句話說，你突然覺得腦子開竅了。把這些瞬間依次記錄下來，就會形成一個清單，這個清單就是你的「啊哈時刻表」。

這樣的瞬間通常會在我們感到放鬆時，沒有任何預兆地突然從腦海裡冒出來。你若一直處於緊張、焦慮的工作狀態，那麼很少能出現「啊哈時刻」。所以，當你感到疲倦時，不妨放下工作，讓自己休息幾分鐘、幾個小時，使大腦暫時放空，說不定在某個瞬間，你的大腦突然就有靈感了。把這些靈感及時記錄下來，有助於你繼續完成後續的工作。

## 第 5 節 「啊哈時刻表」：記錄你的每一個工作創意、想法

關於「啊哈時刻」，我最深刻的體會產生於寫作過程中。我每天或多或少都會寫幾段文字。若我待在家裡或在辦公室寫作一整天，那天的效率反而不高，創作的內容也不會讓我感到滿意。我甚至會盯著電腦螢幕發呆，半小時也寫不出一段文字。在這種狀態下，如果強迫自己不斷寫作，最終結果很可能是寫了 1,000 字又刪除 800 字。在不斷修改和刪除的過程中，我越寫就越容易感到焦慮。快到晚上的時候，我會感到很沮喪：一整天的時間竟然沒寫出一篇讓自己滿意的文章。

自從採用「啊哈時刻表」後，面對寫作這項工作任務，我不再像從前那樣焦慮和沮喪。我會把自己在空餘時間裡產生的一個又一個靈感及時記錄在「啊哈時刻表」中，等到後面需要寫某一個具體內容、話題的時候，說不定其中一些靈感就可以用上，甚至某個靈感會成為一篇文章中的點睛之筆，此方法能幫助我解決當天寫作沒有靈感的煩惱。

為什麼要製作「啊哈時刻表」呢？

（1）為了保留轉瞬即逝的靈感。你在會議室和同事們討論問題時，你們彼此能碰撞出思維的火花，一連串想法從各自的腦海裡跳出來，這讓你對接下來的工作充滿了創意，信心十足，只要一週時間你便可以提供一份創意方案給公司。但是如果這些創意、想法不及時記錄下來，那麼很可能在第二天上班時你就把它們拋到九霄雲外了。若是你把它們全部記錄下來或記錄其中的一部分並整理成一份表格，它們就不容易被你忘記。即使這些想法目前暫時無法實現或用不到，你也要先記錄下來；等它們真正能發揮價值時，你很快就能找到它們，不會在工作中因沒有靈感而感到苦惱。

（2）透過製作「啊哈時刻表」，等於累積了一些工作中的備用創意、想法，它們很可能在未來某項工作中幫你一個大忙。這對創意產業的人

## 第 3 章　工作效率倍增：掌握高效時間管理工具

而言是一個特別好的方法——工欲善其事，必先利其器。比如，設計、行銷、企劃工作的人員每時每刻都需要創意，可是創意不會在需要時才出現，而「啊哈時刻表」可用來累積創意，以供不時之需。

我在學習服裝設計時為自己製作了一個「21 天啊哈時刻表」。每天我會從一些時裝雜誌裡尋找衣服創意元素，透過拼貼畫、手繪等方式，把它們記錄下來。有了 21 天創意靈感記錄，我在真正用到它們的時候，就可以快速找到其中的內容。雖然我在累積創意的過程中花費了大量時間，但在最終使用它們時能快速運用，因而節省了不少臨時尋找資料的時間。我想：一直處於無靈感的焦慮狀態，導致服裝創作停滯不前，這才是最浪費時間的。

（3）當你陷入工作時間管理的倦怠期時，此表能夠幫助你轉換思路，讓大腦在得到放鬆的同時也給你提供更多動力繼續做時間管理。處於工作時間管理倦怠期的你，或許會產生放棄的想法，但若有一個新思路或新方式出現，你的放棄想法也許會暫緩或者改變，而這是否會成為一個好的開端呢？

你如果實在不想繼續目前的工作了，那就不妨暫停一下，騰空大腦，去外面走一走或翻看「啊哈時刻表」，也許會有新的啟發。在走出辦公室的一兩個小時裡，你看到了不一樣的風景，遇見了不同的人，也許能給你帶來新的「啊哈時刻」。當你翻看到某一頁，其中記錄著你為某項工作列出的 10 個靈感，你會感到有意外收穫。

工作和學習感到倦怠是常事，我們不妨轉變方式，回顧自己的「啊哈時刻表」，讓自己在得到放鬆的同時也調整好狀態，然後開始新一輪的工作。

第 5 節 「啊哈時刻表」：記錄你的每一個工作創意、想法

## 2. 每天記錄至少一個「啊哈時刻」

我們意識到「啊哈時刻表」對時間管理有幫助，但也會在實際行動時拖延症發作，特別是工作忙碌時很可能忘記它。如果不長期記錄靈感，等突然需要靈感時才去製作「啊哈時刻表」，則此表的作用不大，須知平時的累積勝過倉促的準備。為了更方便累積靈感素材，我建議你每天至少記錄一個「啊哈時刻」，不設定上限，透過記錄培養新的好習慣。

你可以用 21 天或者 100 天的時間完成這件事。

你可以根據自己的習慣，用紙或電腦記錄靈感。

接下來，我以紙本版筆記為例進行介紹。

準備一本橫線筆記本或者空白筆記本，取名為「啊哈時刻」，每頁以「天」為單位進行記錄，可以寫上具體的日期、哪些事讓你體會到「啊哈時刻」、在若干靈感中你有哪些收穫等。在每一件事記錄完成後寫上一個時間節點，它能幫你確認一天中你在哪個時段獲得的靈感最多。

我的「啊哈時刻」內容，如圖 3-7 所示。

```
xxxx年x月x日
今天這幾件事讓我感受到「啊哈時刻」：
1. 完成了春夏季T恤的設計圖。（11:00）
2. 和老闆交流客戶關係管理的方法與技巧後，學到了五個溝通方法，下次實踐看看。（15:00）
3. 讀完朱光潛《談美》。（20:00）
```

圖 3-7 我的「啊哈時刻」內容展示

## 第 3 章　工作效率倍增：掌握高效時間管理工具

我在這些「啊哈時刻」中的收穫：

(1)完成春夏季 T 恤的設計圖之後，腦海裡一直浮現著「百鳥朝鳳」的美景，這會成為下一個季度的服裝設計的新靈感。你可以先在筆記本裡記錄下來，甚至貼一個簡單插畫，提醒自己下一個季度設計可以參考。

(2)與老闆交流客戶關係管理的方法與技巧後，我認為未來工作中可把銷售工作做得更好。把老闆說過的話總結成五個要點：

要點 1：要注重老客戶關係的維護，無論是特殊節日時公司的文創禮物還是關懷都要到位。

要點 2：讓老客戶介紹新客戶是節省成本的一種方式。老客戶對公司信任，就會不斷為公司介紹新客戶，也就是說，老客戶無形中會成為公司的一名「隱形推銷員」。用這樣的方式開拓新客戶，無形中節省了很多成本（時間、精力、金錢等）。

要點 3：客戶關係管理不能「臨時抱佛腳」，要在平時注重維護。

要點 4：不同的客戶要用不同的方法維護，不能使用同一種方法，否則容易讓客戶覺得你的關懷缺乏誠意，只是敷衍了事。

要點 5：面對客戶對我們的工作感到不滿意的回饋，與其一直猜測客戶到底哪裡不滿意，不如主動詢問客戶自己在哪些地方可以再改進。

每天至少累積一個「啊哈時刻」，不僅可以提升你的執行力，還能讓你的靈感保存下來，以後真正運用到工作中。

如果你覺得單獨準備一個筆記本比較麻煩，可以把記錄「啊哈時刻表」這件事放入每天的待辦事項中，或放入你每天用的時間管理筆記本裡，只要把它寫在筆記本中，使它成為你的必備事項即可。

## 第 5 節 「啊哈時刻表」：記錄你的每一個工作創意、想法

千萬不要讓做「啊哈時刻表」成為你的負擔，它可以根據實際工作情況靈活調整。假如你近期工作很忙，就不用寫具體的感悟了，每天只需寫一個「啊哈時刻」即可，哪怕是簡單的幾個字。等時間充裕些再進行回顧，或重新寫上詳細的感悟。你唯一要堅持的是每天記錄，這個過程是漫長的、辛苦的，卻能讓你養成做時間管理的好習慣。

一年 365 天，你不必每天都堅持做「啊哈時刻表」，除非你把它當作寫日記的習慣進行培養。最開始可設定 21 天或 100 天完成，這樣做是為了培養一個新的好習慣，待習慣養成後你可以不用每天都記錄，當你真正有靈感時隨手記錄下來即可。這樣做，既不會占據你每天花大量時間做靈感收集，也能在真正用到這些靈感時，很快找到對你有幫助的內容。你要每天堅持做工作和生活的時間管理，這樣才能更有效地分配日常時間。

第 3 章　工作效率倍增：掌握高效時間管理工具

# 第 6 節
# 效率翻倍：5 個方法，拒絕做事拖延

我們在做一些自己喜歡的、感興趣的事時，總是很積極主動地完成，甚至覺得自己在這個過程中充滿活力，時間也過得很快，效率很高；而在做一些感到有難度、有壓力的事情時，或多或少會啟動拖延模式，不到最後截止日期就不會行動。

做時間管理，執行力是一個重要因素。如果你只列待辦事項，但執行力比較弱，那麼即使列再多的清單，你也會做事拖延。你要知行合一。執行力弱，會導致許多事情拖延、推後，甚至影響你的工作績效考核。你如果注意觀察，就會發現身邊總有一些執行力強的人，他們時間管理得不錯，似乎可以把工作、生活、學習的每件事打理得井然有序。你可以從他們身上發現一些共同的特質，也可以從中總結一些提升執行力的方法，以便更好地管理自己的時間。

## 1. 現在就行動，不要總想著以後還有時間

對於一些有明確時間節點的工作，你總是能夠如約完成，這是因為你知道不按時完成的後果：輕則影響自己當月薪資的發放，重則職位不保。這些工作能用「他律」的方式督促你完成。

對於那些沒有明確時間節點卻又很重要的工作或目標而言，你感到有壓力，就會拖著不做，即使心中明白拖延不好，但也無濟於事。你總

第 6 節　效率翻倍：5 個方法，拒絕做事拖延

覺得後面還有時間可以慢慢完成，正是這種心態影響著你，到最後事情很有可能不了了之。解決拖延、提升執行力的最好方法是：現在就行動。

我有時候也會拖延，但每次心裡有拖延想法時，腦海裡就會浮現《一路玩到掛》這部讓我印象深刻的電影。電影講述的是兩位身分懸殊、財富完全不同的主角，因人生中突然遭遇變故──被診斷出癌症，知道自己活在這個世界上的日子越來越少，決定改變自我的故事。一號主角是個普通的老百姓，他是一位汽車修理技師，有幸福的家庭，直到有一天因被診斷出癌症住院，命運開始改變。二號主角是一位富翁，他擁有許多人夢寐以求的財富，過著讓許多人羨慕的自由自在的生活，後來被診斷出癌症，在病房裡與一號主角相遇。兩個原本不相識的人突然變成了病友。他們在病房裡感嘆生命的短暫，開始回顧人生中的一些憾事，兩人都認為應該在最後的這段時光裡把這些憾事盡量彌補，至少在離開人世前少留遺憾、多留美好回憶。

於是他們各自列出一系列「遺願清單」，計劃著如何利用有限的時間一項一項完成清單裡的願望。他們相約一起挑戰以前不敢嘗試的跳傘、攀登高峰、關心身邊重要的朋友……在去世前，他們完成了清單上的許多事情。如他們所願，他們在離開人世時留下的遺憾果然變少了。這部電影不斷提醒我：生命如此短暫，不應該浪費時間，要把時間花在值得的事情上，要提升執行力，有好的想法就行動。

還有一個小故事：從前有一位貴婦，花重金買了一條很漂亮的項鍊，愛不釋手，想在一個重要的特殊的日子戴上它，贏得眾人的關注。但可惜的是，直到她去世的那一天，都沒有等到這麼特別的一天。其實，你不能總想著等有時間了再去做一些你早就想做的事，因為你永遠不知道明天和意外哪一個先到。從這個意義上來說，每一天都是那個特殊的日

第 3 章　工作效率倍增：掌握高效時間管理工具

子，每一天我們都應該做那些讓我們覺得重要的事情。

多年以前，我也覺得自己擁有大把時間做想做的事情，但隨著年齡成長，越來越體會到時光飛逝。這部電影給了我許多啟發，讓我思考自己曾經浪費了太多時間，未來不能再浪費了。

每當我想拖延時，我就告誡自己：不要等以後再做這件事，現在有時間、有精力，先行動再總結，無論最終結果怎樣，能夠執行很重要。只要你開始行動，就會把拖延的事情一件一件完成，哪怕最終結果不那麼令你滿意，至少你已經把事情完成了，且在未來你還有改進的機會。但是一直拖延下去，在截止日期前匆匆完成工作，通常結果都不太好。按照這樣的想法，做那些「待辦事項」一欄裡有難度的事情時，我總是能克服自己想拖延的想法。

你如果遇到因沒有動力想拖延的時候，不妨以這樣的方式提醒自己：時間很短暫，不應該浪費。

## 2. 時間管理不要力求完美、面面俱到

有時候我們做事情拖延，不是因為內心不想做，而是因為太過於追求完美，希望這件事在開始時就能達到理想的效果。但凡事總有不如意的時候，我們不能保證每一件事都能做到完美。做工作時間管理也是如此，如果我們一開始就想把工作的時間安排得足夠詳細、足夠好，那反而會帶給我們更多壓力，從而影響我們做時間管理的積極性。

比如，你想把本週、本月的工作計畫安排得完美一些，每一天都充分利用時間以最高效率工作，下班前不遺漏工作，下班後有時間學習、自我提升或放鬆。你讓自己一直處於精神高度緊張的狀態，當工作到一

定的時長後,你就會感到疲倦,因為過度追求完美,反而沒有放鬆的時間了。

若要完成工作的時間管理事項,你的心態可以從追求完美漸漸調整為凡事只求問心無愧。比如,一開始只要求自己達到70%的滿意度即可,無論結果如何,採取行動把事情完成,待查漏補缺的時候再彌補那剩下30%的滿意度。

曾經的我有追求完美、面面俱到的想法,導致許多事情因拖延被耽誤了。比如,我在寫作這件事情上,雖然每天至少安排一小時,但我在這一小時裡只完成了初稿,還需要花費至少30分鐘的時間修改、檢查錯別字和查閱文獻資料等。追求完美的我,當天還有其他工作需要完成,我最終多花了一個小時完成寫作內容的修改,導致後續的工作時間被拖延了,形成了骨牌效應,我的內心也變得焦慮急躁,於是又花費更多時間彌補那些被拖延的工作。陷入惡性循環後,我發現自己在焦慮狀態下做事效率很低,雖然花費大量時間,投入和產出卻成反比。

我開始改變方法,規定一小時完成初稿後就停筆,不追求一次達到完美的效果,繼續按原計畫完成剩下的其他工作。嘗試改變很有用,當我啟用新方法後,工作並沒有拖延,通常都能在規定時間內完成。完成工作後下班回家,我再安排30分鐘進行寫作內容的修改,此時心中的焦慮少了很多,這30分鐘修改文章的效率很高。透過改變,我在寫作方面形成了良性循環,這讓我更有動力做好工作時間管理,更好地完成固定工作和臨時工作。

即使在做時間管理的過程中遇見拖延的情況,你也不要因為不完美而感到焦慮,甚至產生放棄的想法。你可以根據實際情況重新規劃時間,選擇先處理一些當下緊急且重要的事情,等時間充裕時再處理被拖

延的事情。一個人每天的時間和精力都是有限的，為了讓計畫順利進行，你需要利用業餘時間彌補被拖延的事項。我不太提倡替自己留後路的辦法，除非你是在被動情況下拖延，平時你還是應該盡量避免拖延。利用好時間高效率工作，才能有更多盈餘時間做自己喜歡的、感興趣的事。

## 3. 目標人物法則，拒絕拖延

每個人的心中都有一位值得敬佩的、欣賞的目標人物：他或許是你身邊的朋友、老師，或許是一位科學家、企業家……在他身上，你總能看到許多優秀的特質，每次提起他來，你的眼裡總是閃爍著光芒，你希望不斷努力，成為和他一樣優秀的人。當你感到迷茫、處於人生谷底時，這個目標人物能給予你精神力量，支持你不斷前進。

這就是目標人物法則。

如果你心中暫時沒有類似的目標人物，那麼你可以把一個自己欣賞的人物作為目標，提醒自己，朝目標人物看齊，不斷努力，做好時間管理。

其實這個方法你在很小的時候就使用過，只是你在成長過程中，因忙於各式各樣的事情，把目標人物漸漸遺忘了。如果有這樣一位榜樣，在你迷茫的時候給你一些啟示和想法，在你想拖延的時候給你一個提醒，那麼你就會想：榜樣一直都那麼努力，自己如果做事拖延，就很難追趕上他的腳步。

從小到大，我心中一直有這樣的目標人物、榜樣，並給了我許多前進的動力，也讓我在想偷懶、拖延的時候得到提醒。

第 6 節　效率翻倍：5 個方法，拒絕做事拖延

　　每當我想拖延的時候，就會用「目標人物法」提醒自己：你的榜樣可以是任何一個值得效仿的人，比如終身學習及認真度過每一天、安排好每一天的工作和學習時間的人。你如果長期在小事情上拖延，會導致事情做不好，在做大事的時候就不能掌握住機會。「目標人物法」對我非常有用，這個目標人物的形象一直存在於我的腦海裡，不斷鞭策我前進。

　　因為心中有這樣一位榜樣在精神上支持我，即使我想拖延，但每次想到他就充滿了動力。也正是因為這樣的榜樣人物，使我漸漸萌生了想學多國語言的想法，才有了一邊工作一邊學習多國語言的這段經歷（在拙作《學習，就是要高效》這本書裡，可以看到更多內容），向優秀的人學習。

　　所以你不妨設定一個目標人物，透過向他看齊激勵自己，漸漸改變做事拖延的習慣，一步一步做好時間管理。

## 4. 1 分鐘啟動法則

　　1 分鐘啟動法則是：能在 1 分鐘內完成的事情，立刻就行動。你也可以把一個大目標需要花費的時間分解為幾個容易啟動的 1 分鐘小目標，分步驟實現它們。其實不是真的只用 1 分鐘去完成，而是比喻這件事情如果很容易又不花費太多時間，你就可以立刻啟動它。

　　你可以試著對自己說：「先花 1 分鐘時間做這件事，如果 1 分鐘時間到了，實在不想再做下去，也可以馬上停止它。」1 分鐘時間很短，你不會有啟動困難的感覺，行動對你來說很容易。許多事情在執行的過程中，你會感到時間過得很快。1 分鐘時間到了，你可以對自己說：「好簡單啊，看起來毫不費力，再用 3 分鐘完成它吧。」有時候你可能忘記了

## 第 3 章　工作效率倍增：掌握高效時間管理工具

時間的存在，因為你一直沉浸在做這件事的過程中。

比如，你想出去慢跑步 3 公里，但一想到至少需要 15～20 分鐘才能完成，你可能就會想：「還是算了吧，下次再跑。」但如果你採用「1 分鐘啟動法則」，又會怎樣呢？先花 1 分鐘的時間穿上跑鞋再說，你其實已經把跑步中最困難的那部分完成了。當你換好跑鞋離開家的時候，你又可以用 1 分鐘的時間告訴自己，先走再說。你走著走著就可以漸漸跑起來，此時你已經達成了跑步這個心願。與其花時間糾結要不要做這件事，不如用「1 分鐘啟動法則」把跑步拆解為幾個步驟，用每一個 1 分鐘啟動不同任務，實現你的目標。

再如，某天老闆要求你在中午前發一份上半年工作總結給他，這件事讓你感到大有壓力，因為你還有其他重要工作要做。此時，你不妨採用「1 分鐘啟動法則」：先花 1 分鐘時間打開 Word 檔，在裡面做工作記錄，讓這件事先啟動；隨後以月為單位列出小標題，總結每個月的工作情況；最後把它們綜合起來，整理成上半年的工作總結，再花 1 分鐘的時間檢查錯別字。

又如，當你用電腦完成工作時，突然有一個網頁跳出，吸引你點選查看，你發現裡面的內容非常吸引人，想繼續看下去，但此時如果不及時停止瀏覽網頁，就會影響你今天的工作進度。此時你可用「1 分鐘啟動法則」強迫自己關閉網頁。你告訴自己：我必須在 1 分鐘內把網頁關了，否則工作就不能按時完成。實在不行，你也可以設定一個 1 分鐘倒數計時鬧鐘，待鬧鐘響起後就立刻停止瀏覽網頁；如果不能停止，就對自己進行相應的懲罰。

我覺得自己是個自律的人，但也有過一段意外：一次，我打開社群網站進行瀏覽，不知不覺 30 分鐘過去了還沒反應過來，直到被手機裡的

鬧鐘提醒才發現時間早已過去半小時，導致我耽誤了當天的一些工作。從那以後我提醒自己，工作時段絕不點開社群網站及與工作無關的網頁。若需開啟網頁尋找一些資料，在瀏覽完後我會用「1分鐘啟動法則」把所有網頁關閉，以避免自己被突然出現的網頁內容吸引。利用碎片時間或休息時間去瀏覽社群網站，這樣可以保證在不同的時段我能做好不同的事情。

## 5. 培養延遲滿足感

下面這個故事可能大家都聽過。研究人員把一群幼稚園的孩子召集起來，告訴大家玩一個有趣的遊戲。要求：每個孩子開始都分配到一顆糖；願意花一段時間等待、不吃掉那顆糖的孩子，在遊戲結束後可以再得到一顆糖；若是中途把糖果吃掉，遊戲結束後就沒有糖果獎勵了。

開始時，許多孩子願意花時間等待，沒有吃掉手中的那顆糖，但是孩子們發現：研究人員一直都不告訴他們什麼時候遊戲結束。漸漸地，一些孩子失去了耐心，他們放棄等待，把手中的糖果吃掉了。隨後，越來越多的孩子不願意等了，把糖果陸續吃掉。當然也有少數孩子一直堅持到最後，沒有吃掉那顆糖果，直到研究人員宣布遊戲結束，他們得到了另外一顆糖的獎勵。

研究人員對這群孩子的成長一直做觀察和記錄。他們經過長期追蹤調查之後發現：小時候那些延遲吃糖果的孩子，在成年後，大部分在不同領域都有所成就，也能把事情做得更好。於是研究人員根據這個結果，推演出延遲滿足理論：如果你有足夠的耐心等待和做好一件事，那麼最終會換來足夠豐富的回報。

## 第 3 章　工作效率倍增：掌握高效時間管理工具

學會延遲滿足，也能夠讓我們拒絕拖延，提升執行力。

在工作的時間裡，你總是希望自己每一年都有成長和進步，但是這些成長需要花費一定的時間和精力，甚至會使你在成長的過程中感到痛苦並想放棄，此時你要學會培養自己的延遲滿足感。如果只選擇滿足當下，而不考慮長遠的未來，你當然可以把手中那顆甜蜜的小糖果吃掉。正是因為你知道不吃這顆糖果會有更大回報，雖然當下工作痛苦，但是你花費在有難度的工作上的時間和精力都是值得的，等它們完成後，你的工作能力得到了顯著提升，在將來會獲得更多的糖果獎勵，你便不會因為工作困難而產生拖延的想法。

對於我而言，學數學、經濟學、會計等知識都是很痛苦的事，因為要和大量的數字打交道，這讓我感到枯燥，我更喜歡學習文科知識。如果我不培養自己的延遲滿足感，只滿足於當下把這些甜蜜的糖果吃完（只學習自己感興趣的知識），那麼在未來的工作中也不會有太大的進步。正是因為讓我感到枯燥的知識能在創業過程中幫到我，所以我更要學會延遲滿足，告訴自己要花時間學習這些知識。

我可以不精通這些知識，甚至只需弄懂創業中用到的部分知識即可，待明白基礎理論後再把這些工作分配給專業的人做。但如果我對這些知識完全不懂，則有可能被別人騙了還拍手叫好。如果我不懂公司營運的基礎會計知識，就看不懂公司的三大財務報表，在公司財務工作中，我可能被會計矇騙了也不知道。

我學知識的動力還源於一個木桶理論：一個木水桶由若干片木板組合而成，如果這些木板長短不一，那麼即使你有許多很長的木板，但只要有一片短木板就決定了整個水桶的儲水量。同理，我們每個人都需要審視自己的優勢和劣勢，優勢雖然很強，但由於劣勢這塊短板的存在，

## 第 6 節　效率翻倍：5 個方法，拒絕做事拖延

可能會讓我們錯過一些好機會。

每個人都不完美，不可能把所有的知識都學精、學透。但我們要知道，哪些短處需要花時間彌補，哪些長板需要花時間精進。培養自己的延遲滿足感，花時間彌補短處，這樣你的知識儲備量就會增加，當你的知識沉澱得足夠多時，你思考問題的角度會變得更全面。

讓我們都努力成為那個延遲吃糖果的人。

以上五個方法，能幫助你戒掉拖延的壞習慣，做好時間管理提升效率。在有限時間內越高效，能利用的時間越多，就能擁有更多時間做自己喜歡的事。

第 3 章　工作效率倍增：掌握高效時間管理工具

## 第 7 節
## 時間管理筆記本：
## 幫你合理安排時間並及時檢討

　　人們在工作和生活中，似乎越來越依賴手中的各種電子產品，無論是手機、筆記型電腦，還是平板電腦。很多人每天早上醒來第一件事是看手機，晚上入睡前最後一件事也是看手機，導致每天看手機的時間越來越長。

　　如果你的手機有統計使用時長功能，你不妨開啟這個功能，用一天的時間從早到晚統計自己使用手機的累計時長。到睡覺前你會發現：自己使用手機的時長累計驚人。有的手機還能統計使用不同 App 花費了多少時間，你能觀察到自己每天使用哪些 App 的頻率較高。

　　我曾經連續一個月統計使用手機時長，發現我平均每天使用手機的時間是 5 小時，這算是一個正常的數值，有的人可能平均每天要花 7～8 小時甚至更多時間。我在 App 使用時長方面，排名前三的是：通訊軟體、社群網站、瀏覽器。這與我的工作性質相關，我經常寫作，要保持媒體平臺內容的更新頻率及瀏覽各大網站，尋找適合創作的熱門新聞。

　　透過電子產品的記錄時長功能，你可以快速知道時間花在哪裡。如果你有一本時間管理筆記本，就能快速知道每一天、每一週、每一月、每一年的時間都花在了哪裡。時間管理筆記本可以是電子版的或紙本版的，我更喜歡使用紙本版的時間管理筆記本。

　　為什麼呢？主要有兩點原因：一是它能讓我從電子產品中脫離出來，

第 7 節　時間管理筆記本：幫你合理安排時間並及時檢討

有一段時間獨處和思考。面對電子產品，有很多資訊和訊息會干擾我，容易使我分心。二是使用紙本版的時間管理筆記本，會讓我對每一天的時間花費有一個詳細記錄，日復一日、年復一年，當回顧過去發生了什麼事時，我都能找到相關痕跡。隨著歲月的流逝，我的筆記本越積越厚，它們也見證了我的成長。

一位記者曾來我家採訪我。她看到我各式各樣的筆記本時，感到驚奇不已，驚呼道：「原來妳是這樣的，徐丹妮，每一個筆記本都有歸類和功能區分，裡面記錄著妳的時間管理、飲食健身、讀書筆記、學習筆記、靈感筆記……我懂妳為什麼會做時間管理了，對工作、生活和學習，妳都有自己的安排，每個階段都在做不同的事情。」

接下來我要分享我的時間管理筆記本的使用方法，希望能幫助你更從容有序地做時間管理。

## 1. 關於時間管理筆記本的選擇

（1）選擇現成筆記本，還是空白筆記本？你可以購買已經設計好的筆記本；也可以自己用空白筆記本設計。如果你想節省繪製的時間，可以買已經設計好的筆記本；如果你想自由發揮創意，就選擇空白筆記本。我一直使用以「年」為單位的筆記本，這樣可以節省設計和排版的時間，每天只要往筆記本裡填充若干個待辦事項即可。

考慮到有的讀者可能啟動一本時間管理筆記本，如果已經過去幾個月了，此時可以選擇以上、下半年區分的筆記本，或者使用全年本，只要把過去幾個月的內容空出即可 —— 等明年開始時可使用全年本做時間管理。

## 第 3 章　工作效率倍增：掌握高效時間管理工具

(2) 尺寸的選擇。市面上有許多不同尺寸的時間管理筆記本，大家可以結合自己的實際情況選擇。A6 尺寸屬於口袋筆記本，方便攜帶且小巧，適合做一些待辦事項清單類型的時間管理，或者當天要完成的任務不太多的情況。這是因為該尺寸的筆記本內頁較小，裡面能夠書寫的空間比較有限，如圖 3-8 所示。

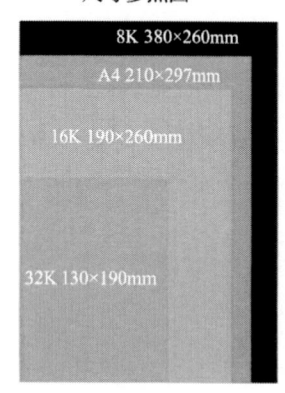

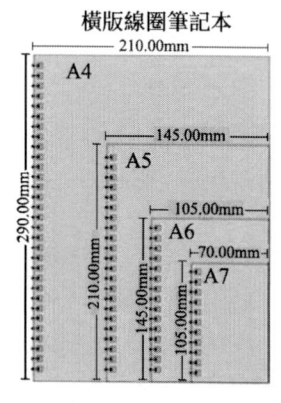

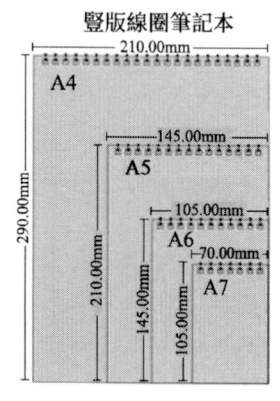

圖 3-8 不同尺寸的筆記本對比圖

A5 尺寸的筆記本與市面上大部分販賣的書籍尺寸相同，屬於放包包裡比較方便的類型。它比口袋筆記本大一些，每天能記錄的內容也多一些。我平時使用該尺寸的時間管理筆記本頻率較高，口袋筆記本作為一些待辦事項本使用很方便，可以把上週沒有完成的待辦事項寫入口袋筆記本，以提醒自己本週把這些事情完成。但它比口袋筆記本重一些，你要考慮如果每天攜帶電腦和筆記本乘坐公車、捷運上班，自己是否能夠承受物品帶來的重量。我個人已經習慣隨時攜帶它們，當然如果一直手提著，也會感到手臂痠痛。

市面上還有販售 A3 尺寸的時間管理筆記本，但這種尺寸的筆記本比較大，不方便攜帶且略顯笨重，個人感覺使用體驗普通，所以不推薦。

第 7 節　時間管理筆記本：幫你合理安排時間並及時檢討

如果你還想攜帶筆，可購買一個綁帶纏在時間管理筆記本上，把筆插入其中預留的位置，就不會出現使用時找不到筆的情況。你也可以購買一個筆袋放包包裡隨身攜帶。

## 2. 結合年、月、週、日計畫使用筆記本

在筆記本的扉頁上，你可以寫上今年是哪一年，具體哪一天開始使用。如果你使用的是排好版的筆記本，根據框架結構往裡面填充內容即可；如果是空白筆記本，你也可以參考市面上的一些版式進行繪製和排版。

下面，我以已經排好版的筆記本來舉例。

(1) 年計畫。利用第 1、2 章分享的時間管理方法，把你制定的幾個年度計畫都寫入其中。計畫要清晰可行，以便你隨後把大目標拆解為小目標分配到每個月、每一週中。

寫完後，你要經常翻開此頁進行回顧，不斷提醒自己：它們將成為你今年的目標，無論遇到什麼困難都要盡量去實現。

(2) 月計畫。它有點像一個當月日曆的展示頁面，你可以在當月不同的日期方框裡寫上對應的一些事項。例如：5 月 3 日，上午 9 點公司開會，下午 2 點，拜訪客戶；5 月 18 日，發薪資 25,000 元；5 月 23 日，上午 9 點，創業比賽之複賽路演，晚上 7 點，與客戶一起吃飯……

你甚至可以在這些日曆裡，運用不同的符號或者貼上小貼紙提示自己哪些事情重要、哪些事情讓你感到開心。我很喜歡搭配一些小貼紙，每次翻看時間表裡的內容時都會有一種心情愉悅的感覺。

163

## 第 3 章　工作效率倍增：掌握高效時間管理工具

有一些事情，在本月可以確定到詳細某一天、某一個時段，你也可以把它們提前寫在筆記本上以便查看，這樣就不會遺漏一些重要日子裡需要做的事。比如：6 月 6 日是你入職某公司一週年的日子，就可以在旁邊畫一個「微笑」的表情，告訴自己這一天的心情是愉悅的；6 月 21 日是你代表公司進行演講的日子，可以在旁邊貼上一個「加油」的表情，以此對自己進行鼓勵。

在月度計畫最上面的表格裡，你還可以列出幾項本月想打卡完成的事情。例如：持續每天練習鋼琴 30 分鐘，每天看時事新聞 3 篇。完成後在每一天頁面的專屬小方框內打勾，沒完成的任務打叉；到月末檢查本月你想做的事情完成了多少，若是 100% 完成了，那麼說明你本月的時間管理做得很棒。我覺得小表格還挺實用的，每天可以督促自己完成一些簡單又有趣的事。

如果年初你制定了一個目標，也可以把它拆解為每個月的計畫的一部分。例如：一年背 3,000 個單字，把自己的詞彙量提升一個等級。分解目標：可計算出你平均每個月需要背 250 個單字，把這個計畫寫在月度計畫表格裡，提醒自己本月的目標，並分解到每天當中，計算每天該背多少個單字。

月度計畫表格還可以作為一個日程表，及時幫助你查閱本月的時間安排。比如，什麼時候出差，什麼時候見客戶和朋友。

(3) 週、日計畫。當你完成每個月的計畫後，在時間管理筆記本裡可以翻到每一天的頁面，把每天要完成的待辦事項依次羅列出來。個人建議把週計畫和日計畫結合起來，這樣效果更佳。比如，每週背 250 個單字，平均到每一天至少要背 36 個單字。你把它寫入每日計畫裡並在完成後打勾；若當天沒有完成，就要花時間彌補那些遺漏的單字。在此提醒

第 7 節　時間管理筆記本：幫你合理安排時間並及時檢討

你盡量別拖延，否則留下太多單字沒有背完，最後你會很痛苦，甚至想放棄。

關於每天的計畫清單的任務先後順序，你可以參考第 1 章介紹的「四象限法則」、「吞青蛙法則」、「番茄工作法」，把那些重要、緊急的事情安排在前面，將其完成後再做其他事。

## 3. 工作和生活時間管理筆記本應分開使用

我建議你把工作和生活時間管理區分開來，並分別使用兩本不同的筆記本做紀錄，這樣更便於你在不同的時段專注做不同的事情。

如果你使用電子版的時間管理筆記本，建議也做區分，比如：電子時間管理筆記本 A 記錄生活事項，電子時間管理筆記本 B 記錄工作事項。否則很容易混亂，也容易把一些事情的主次順序弄反。如果你把工作和生活時間都放在一個筆記本裡管理，那麼當你每天打開筆記本，看到裡面充滿了工作和生活的待辦事項，會讓你感到眼花撩亂。

比如，你今天的時間管理筆記本裡有幾條關於生活的待辦事項——遛狗 30 分鐘、網購 5 公斤狗飼料、洗衣服、買番茄和白菜，而工作任務也列入其中。你在工作時看到生活中的幾項待辦事項，就會在上班時間網購，可能有一條網購促銷的通知彈出，就會打斷你原來的工作時間管理計畫。你覺得沒關係，就花 5 分鐘的時間網購，結束了手頭工作。但實際情況是，你為了網購產品的滿額活動，又花費了 20 分鐘找各種湊單商品參加優惠，以致浪費了 25 分鐘的工作時間，導致你無法準時下班，還需要加班……

但如果你把工作和生活待辦事項做區分，那麼每天開啟工作時間管

## 第3章　工作效率倍增：掌握高效時間管理工具

理筆記本時，裡面的內容都是和工作相關的，當你完成其中一項時，你也清楚後續的工作中應該完成哪一項，不容易分心。高效率完成工作任務後，你也可以花更多時間和精力在自己的生活時間中，用其他時間學習自己喜歡的內容。

你實在不想用兩個筆記本怎麼辦呢？你可以在當天的頁面裡做一個功能區分：上半部分作為工作時間管理待辦事項，下半部分作為生活時間管理待辦事項。有了區分後，你要時刻提醒自己：該工作時就認真工作，不要分心。

以前我也覺得區分時間管理是一件很麻煩的事，但當我嘗試一段時間後發現，無論是工作事項還是生活事項，我都可以井然有序地把它們做完，效率也有了很大的提升。我做工作時間管理選用 A5 尺寸的筆記本，做生活時間管理選用 A6 尺寸的筆記本。

這樣區分使用還有一個好處——當你出去見客戶時，可以自信地拿出自己的工作時間管理筆記本向客戶展示，不必擔心生活那部分的內容會被客戶看到，同時客戶也會對你的工作時間管理的專業度表示認可。了解到你的時間管理專業程度，客戶會更認可你的工作能力。

試想一下，如果不區分使用筆記本，客戶看到你的生活時間管理待辦事項中有一些不太適合展示的內容時會怎麼想？或者裡面有一些內容太雜亂，不適合展示，如果遇見特別注重細節的客戶，會覺得你的工作和生活並沒有平衡好，你留給客戶的印象分就會大打折扣。

下面是我在做時間管理的過程中漸漸體會到的重要一點：好的時間管理，無形中可以為自己和公司品牌加分。

有一次，我受邀給一家大型企業做新員工入職培訓——為新員工講解時間管理的內容。當我把理論知識講解完後，將不同類型的時間管理

第 7 節　時間管理筆記本：幫你合理安排時間並及時檢討

筆記本展示給大家看，他們都表示很佩服。透過這次培訓，新員工深刻理解了時間管理「知行合一」的重要性：不僅要學方法論，也要結合實際運用，提升自己的執行力和時間管理能力。在場的主管們聽完我的分享後也表示認同，邀請我下一年度繼續為新員工做時間管理培訓。

受這次培訓影響，我更樂意把工作和生活的時間做區分，這樣做確實能在活動中給大家留下深刻印象。我也在不斷更新和實踐時間管理的方法，未來幾年裡，還會有更多好方法與大家分享。

## 4. 工作時間管理筆記本的「二等分」法則

在開始實踐時，我只是把工作時間管理筆記本裡的待辦事項進行區分，並沒有運用「二等分」法則，在實踐過程中我覺得似乎缺了點什麼。

隨後我開始思索如何更有效地使用時間管理筆記本，幫助我提升工作效率。透過長期不斷實踐，我發現可以用「二等分」法則，把它做一個功能區分，以及時對當天的工作進行梳理和總結。

什麼是工作時間管理筆記本的「二等分」法則呢？該法則主要有兩種形式。

（1）上、下等分：可以用尺加不同顏色的筆做一個功能區分；也可以用手帳膠帶、貼紙作一條分割線，讓內容有所區分。上半部分預留空白多一些，給工作上那些待辦事項；下半部分預留空白少一些，可以在一天的工作結束後，用 2～3 句話對當日工作進行總結。我習慣把彩色膠帶作為分割線，不刻意思考留白的空間。我把每天工作上的待辦事項完成後，在剩下的留白的空間貼一條分割線，再書寫工作總結。

(2)左、右等分：與上、下等分方法類似，只是需要把順序改變一下，即左邊為工作內容待辦事項，右邊為當日工作總結。

工作總結要盡量避免寫成日記形式，可以寫一些關於自己當天工作中哪些部分做得好、哪些部分還需要完善的內容。如果你不想寫工作總結，也可以在空白處寫上自己在工作中學習到的知識、同事帶給你的啟發等。這些都能幫助你在做本月工作總結時找到亮點和不足，讓你的工作總結報告內容更豐富，為自己贏得更多機會。

## 5. 及時在筆記本裡記錄你的檢討過程

關於時間管理如何檢討，本書第 2 章已經詳細介紹過，在此不做過多介紹。須注意：一定要及時檢討。

每天的工作檢討盡量在當天下班後完成，最晚在當天睡覺前完成。長期拖延工作檢討，會讓你變得越來越懶。檢討在時間管理中是一個重要環節，透過檢討你能更好地查漏補缺。

每月的工作檢討盡量在月底結束前完成，若時間不充足，也要在下個月開始的前三天把上一個月的工作完成檢討。如果一直拖延而不做檢討，你就不會知道自己在這幾個月裡有哪些進步的地方和可以改進的地方。

如果你使用的是市面上常見的時間管理筆記本，那麼就省事了，因為它自帶一個月度、年度檢討框，只需對號入座檢討即可。如果你使用的是自己設計的筆記本，須記著在時間管理筆記本裡畫上「月、年」檢討框。

| 第 7 節　時間管理筆記本：幫你合理安排時間並及時檢討

　　透過學習時間管理筆記本的五步法，你可以在短時間內結合理論和現實，利用工作和生活的時間達成目標。

　　願你我都能花時間和精力潛心修練，不斷變優秀，一步一步成為自己理想中的模樣。

第 3 章　工作效率倍增：掌握高效時間管理工具

# 第 8 節
# 甘特圖：
# 學會團隊時間管理，協同完成工作

　　我常有這樣的感受：自己獨立完成某一項工作時能按質按量提交；但如果是多人、團隊共同完成某一項工作時，會因團隊裡其他人的原因導致整個專案的提交時間往後延。那麼是否有一個科學化的、好的時間管理方法，能在專案合作時讓團隊成員遵循一個良好的時間管理機制呢？

　　當然有。在過去很長一段時間裡，不同的企業、團隊也曾經面臨類似問題，這就是甘特圖誕生的主要原因。甘特圖能幫助我們解決團隊合作的時間安排問題，同時也能知道哪一位同事在哪一個階段、是什麼原因導致專案沒有按時完成，以便後續制定獎懲制度。

　　我第一次接觸「甘特圖」管理法是在讀大學時，我學的是人力資源管理，需要學習綜合學科知識和管理學理論。

　　「管理學原理」這門課程裡講解了「甘特圖」的使用方法。我的教授耐心地向新生詳細講解此方法，並讓大家運用此方法到企業裡做調查，以幫助企業提升效率。我在運用此方法的過程中受益匪淺，也希望此方法能幫助大家提升團隊工作效率。

第 8 節　甘特圖：學會團隊時間管理，協同完成工作

## 1. 甘特圖是什麼？

甘特圖（Gantt chart）又稱條狀圖（bar chart），可透過條狀圖顯示專案、進度和其他與時間相關的系統的內在關係，以及隨著時間變化的進展情況。它以提出者亨利・勞倫斯・甘特（Henry Gantt）的名字命名。

亨利・甘特是泰勒（Frederick W. Taylor）創立和推廣科學管理制度的親密的合作者，也是科學管理運動的先驅者之一。他在 20 世紀早期應用了這種工作和方法。在圖上，專案的每一步在被執行的時段中用線條標出。完成以後，甘特圖能以時間順序顯示所要進行的活動，以及那些可以同時進行的活動。

甘特圖以圖示透過活動列表和時間刻度表示的特定專案的順序與持續時間。在一條線條圖中，橫軸表示時間，縱軸表示專案，線條表示期間計劃和實際完成情況。它可以直觀呈現計畫何時進行、進展與要求的對比，便於管理者弄清專案的剩餘任務，評估工作進度。如圖 3-9 所示。

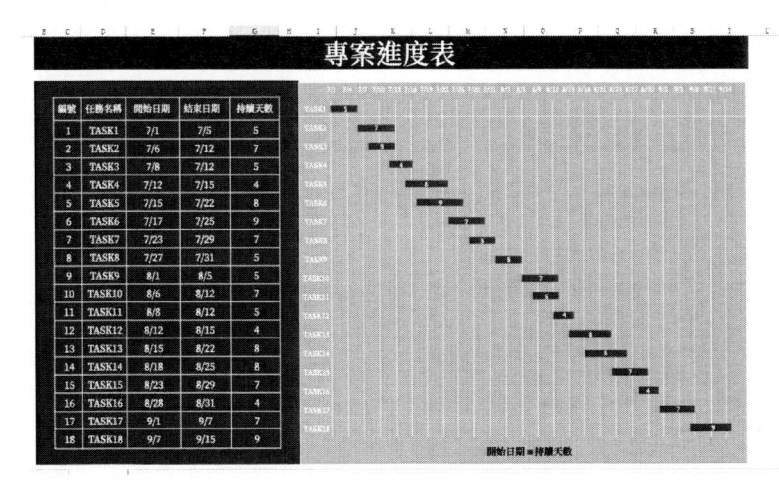

圖 3-9 甘特圖範例（1）

第 3 章　工作效率倍增：掌握高效時間管理工具

圖 3-9 甘特圖範例 (2)

## 2. 甘特圖的優點

(1) 讓一個或多個專案變得視覺化，有助於我們理解整個專案。主管在分配工作任務給員工時，員工對自己應該完成的任務有哪些非常清楚，但是對團隊成員之間合作完成的各項任務不一定很清楚，甚至不了解某一位同事做的某一件事情到底是什麼。這就會導致員工在工作中花費大量時間做溝通和理解工作，浪費掉一些工作時間，而這些時間原本是可以避免浪費的。

如果不使用甘特圖，員工可能需要花費更多時間和精力去做同事之間的任務安排和溝通；但使用甘特圖，就可以節省許多溝通成本。甘特圖能把一些工作內容以視覺化的方式呈現出來，員工可以用十幾秒鐘的時間讀懂圖表中不同的人需要做哪些事，在每一個時段內有哪些安排，什麼時候是專案最終截止日期。你可以透過使用不同顏色，對每個人的

## 第 8 節　甘特圖：學會團隊時間管理，協同完成工作

甘特圖任務進行區分，以方便及時查閱。

每天工作的時候，團隊成員只需要查閱這個甘特圖就知道大家的任務都進展到什麼程度了。

(2)多個專案多人共同合作時，也能有序分工，把時間安排得井然有序。員工自己完成工作上的待辦事項容易，但團隊許多人一起來完成多個專案的待辦事項就會變得有一定難度，如果沒有一套科學的方法，很容易把簡單的事情變複雜化。

此時你可以運用甘特圖對多個專案進行多樣化的工作時間管理。

你可以把甘特圖分為短期時間甘特圖和長期時間甘特圖。以專案需要多少人、多長時間為參考，繪製不同的甘特圖。

短期時間甘特圖：一個月以內完成。短期甘特圖比較簡單，在規定時間內完成即可實現目標。

長期時間甘特圖：超過一個月就可以考慮以「月、季度、半年、年」為時間單位，繪製不同階段的甘特圖。

長期甘特圖需要在專業機構、團隊、第三方顧問公司等的幫助下才能完成，不在此書中展開介紹。

(3)做個人工作時間管理時，甘特圖能夠把多個任務集合在一起，讓我們明白每天的工作時間該如何安排才能更合理、更有效率。例如：你每天寫作需要花費 1 小時完成初稿、1 小時修改和查閱資料，在甘特圖上就可以把寫作的時段繪製出來。從甘特圖上你可以直觀地看到，這項工作會占據你一個半個上午或半個下午的工作時間，而其他工作只占據一小部分時間，所以你可以參考甘特圖把相對重要的、花費時間更長的這部分工作先完成。

## 3. 繪製甘特圖的軟體

A. Microsoft Office Project。這是微軟出品的通用型專案管理軟體，集合了許多成熟的專案管理現代理論和方法，可以幫助專案管理者進行時間、資源、成本的計劃、控制。

B. Gantt Project。這是 Java 開源的專案管理軟體，可記錄可用資源、里程碑、任務／子任務，以及任務的起始日期、持續時間、相依性、進度、備註等，可輸出 PNG／JPG 圖片格式、HTML 網頁或 PDF 格式。

C. VARCHART XGantt。這是 NET 甘特圖控制元件，能夠以甘特圖、柱狀圖的形式編輯、列印以及圖形化的資料呈現，能夠呈現與 Project 或 P/6 相似的介面效果，並支援整合到專案管理、生產排程等應用程式中。VARCHART XGantt 讓你能夠以橫線圖、柱狀圖的形式編輯、列印以及圖形化呈現你的數據資料，它能在幾分鐘之內實現你想要的甘特圖開發，而且只需透過簡單設計模式下的屬性頁面配置，你可以不寫一行程式碼就能快速讓 VARCHART XGantt 控制元件適應你的客戶的各種需求，其強大的功能可與 Microsoft 的 Project 系列產品媲美。

D. jQuery.Gantt。這是基於 jQuery 的一個甘特圖圖表外掛程式，具有甘特圖功能。具體包括讀取 JSON 資料、結果分頁、對每個任務用不同顏色顯示、使用一個簡短的描述提示、標註假期等。

E. Excel。這是微軟辦公套裝軟體 Office 的一個重要的程式，它可以進行各種資料的處理、統計分析和輔助決策操作，廣泛地應用於管理、統計、金融等領域。Excel 中有大量的公式函式，使用 Microsoft Excel 可以執行運算，分析資訊並管理電子表格或網頁中的資料資

第 8 節　甘特圖：學會團隊時間管理，協同完成工作

訊列表，可以支援許多功能，帶給使用者方便。隨著電腦的普及，Excel 在辦公自動化應用的領域越來越廣泛。

如果是非專業人士，且不需要超過 20 人以上共同完成工作時間管理，那麼推薦使用 Excel，其強大的功能足夠應付日常工作。我平時也是使用 Excel 進行甘特圖的繪製和工作時間管理的。

甘特圖也可以使用紙本版的，這取決於你是否有足夠的時間進行繪製，畢竟操作起來不如 Excel 方便，況且 Excel 還可以影印出來，你可以把列印好的甘特圖傳給需要共同合作完成專案的幾位同事，貼在他們的辦公桌前即可。

如果你對 Excel 的基本操作不夠熟練，那麼我建議你把這項工作交給專業的人士來完成，或者你自己先去學習 Excel 基礎知識。

## 4. 甘特圖的實踐方法

下面以短期時間甘特圖的一個網路小專案為例，結合自身工作設計自己的甘特圖。假如你的本職工作是一名文案企劃，針對一個線上販賣某款產品的程式開發專案，你需要和公司的設計師、程式設計師、產品經理、銷售人員合作，專案週期是 30 天。此時你在完成本職工作的基礎上，可運用甘特圖了解其他同事在這 30 天裡的具體分工情況和時間節點。

文案企劃。1 ～ 5 天，完成專案商業企劃書的初稿。6 ～ 10 天，根據各位同事給的回饋內容及時修改商業企劃書。11 ～ 20 天，負責與設計師溝通所銷售產品的文字內容，用設計圖表現出來。21 ～ 30 天，負責與業務溝通產品促銷活動方案並擬寫。

## 第 3 章　工作效率倍增：掌握高效時間管理工具

設計師。1～10 天，產品設計圖的靈感收集、初稿繪製。11～20 天，與文案策劃溝通設計圖的繪製和修改。21～30 天，與業務溝通促銷活動的海報設計內容並完成促銷海報的設計工作。

程式設計師。1～10 天，完成初步程式碼編寫。11～30 天時，不斷與各個部門溝通，根據實際需求修改程式碼，確保程式能正常使用，做好公司的程式維護工作。

產品經理。1～5 天，負責產品邏輯框架搭建。6～10 天，完成初步方案，提交給老闆。11～30 天，不斷修改產品整體方案，與各位同事保持溝通，及時跟進不同板塊的內容。

業務人員。1～10 天，做市場調查並分析資料數據，制定銷售初步計畫，預測銷售金額。11～20 天，與文案策劃、設計師溝通，共同完成銷售工作。21～30 天，團隊合作完成銷售計畫，讓產品年度銷量增加 30%。

藉助甘特圖這個時間管理工具，你不僅可以知道自己在整個專案週期中需要做好哪些工作，同時也清楚自己在不同的時段如何與同事合作，從而讓大家努力朝著一個方向前進，使專案能在合理的時間內完成，甚至還有可能提前一兩天完成。運用甘特圖做團隊工作時間管理的同時，團隊成員還可以利用線上免費辦公 App 進行交流，減少面對面溝通時間（同事可能出去了沒在位置上，你需要等他回來）、跨公司交流路上來回奔波的時間，可以避免大家因工作內容不同、時間不同而產生的一些問題。

你可以結合實際工作，繪製不同的甘特圖。涉及專案管理的更多經驗與技巧，在這裡就不過多做講解了，如果你對專案管理感興趣，或者在未來工作中要用到更多專案管理的知識，可購買相關書籍或課程學習。

# 第 4 章
# 學習時間規劃：
## 以好規劃提高效率

## 第 4 章　學習時間規劃：以好規劃提高效率

## 第 1 節　越自律，越自由

「你越自律，就越自由。」這句話被很多人當作座右銘，甚至有人把它寫在筆記本扉頁上，用來鼓勵自己。

但也有人說這句話是心靈雞湯，聽聽罷了，自律哪有那麼容易做到的。這句話裡所謂的「自由」，在我看來是指你透過不斷努力而獲得的可以自主、自由安排的那段時間。

比如，你學習越自律，就越能在規定時間裡提前完成學習任務，從而贏得一段屬於自己的自由安排時間。再比如一個滑雪冠軍，長期在滑雪和學習上自律，才能擁有更多自由時間做自己想做的事。如果他在練習滑雪的時間裡偷懶，那麼他需要拿出更多休息時間來彌補；如果他在該學習的時間裡不好好學習，那麼他需要花更多時間和精力提升成績，就難以取得非凡成就。

不努力花時間學習，在該學習的年齡貪圖享樂，那麼你步入社會後會感到懊悔的。透過努力學習獲得多種謀生的本事，你能選擇的職業就會多一些。

在每天的時間管理中，安排學習時間是非常重要的，無論你現在處於什麼年齡層，把學習時間管理好都可以使你受益。

高中畢業前，學生的學習時間屬於「被動安排」，學校為學生安排學習任務和作業、安排每個學期的課程表，學生只要按照要求跟著老師的節奏、時間點學習即可。

步入大學後，除了學校「被動安排」的學習時間，大學生開始擁有了

一些「課餘時間」，有的人利用這段時間去圖書館學習，有的人利用這段時間發展自己的興趣愛好，這些都屬於「學習時間」。我們把學習時間花在了哪個領域，漸漸能看到成果，這就是學習時間裡「越自律，越自由」的表現。

工作後，再也沒有人替我們安排學習時間，有的人會感慨：「我終於不用再讀書了。」但這是一個新的起點，準確地說，再也沒有人為我們安排「被動學習」的內容，對工作上所有的方法和技巧都需要我們自己花時間和精力學習。你若不主動學習，那麼過一段時間就會發現，自己的知識儲備將不足以勝任目前的工作。

意識到問題的嚴重性，我們開始花時間、精力學習與工作相關的知識，希望透過付出時間得到相應回報（升遷加薪、獲得榮譽等）。即使面對那些有難度的知識，你也會硬著頭皮去學習，因為心中的目標很明確——獲得某個證書，可以為升遷加薪做準備。此時我們或許會感慨：「真希望自己能擁有更多學習時間，以透過獲得的知識、技能，去賺錢、升遷加薪。」

我也一樣。我曾經花了大量的時間和精力學習自己感興趣的知識、技能，也取得了一些成就，但我忽略了自己不感興趣的知識。如今三十而立我才發覺，自己應該在大學畢業前或剛工作的那兩年裡，多花時間學習那些有難度的知識。

接下來我與大家分享我的一位朋友的真實故事。

她是我的國中同學。在國中的時候，她的學習成績並不是班裡數一數二的，但她一直很努力，隨後成績越來越好，進入一所明星高中。高中時她發現了自己喜歡的科目，在考大學時選擇了自己喜歡的學校和科系。在那個家長指點兒女報考學校和科目的年代，她早已明白要根據自

## 第 4 章　學習時間規劃：以好規劃提高效率

己的優勢選擇科目，經綜合分析後她選擇了飯店管理系。那時身邊的同學對這個系所並不了解，不知道該系在大學四年要學什麼、畢業後能做什麼工作。她大一入學時早已定好目標，以後去五星級飯店實習和工作，並成為飯店管理領域的菁英。後來她一路過關斬將，成為當年希知名飯店的優秀建教合作生之一。她的事業發展不錯，這一切都與她堅持每年規劃學習時間有關。

她的英語成績在高中還算不錯，但讀大學就不一樣了。身邊都是英語好的同學，甚至有的同學從小就有良好的家庭語言環境，能夠說一口流利的英語。她並沒有自卑和氣餒，而是確立目標。大一仔細分析後，明確自己未來要考託福，出國留學，於是她在學完老師上課傳授的內容後，每天都會安排固定時段去圖書館自修。有一次學校舉辦統一的英語檢定考試，她獲得了年級第一的成績，一戰成名。脫穎而出的她，為了贏得更多機會繼續刻苦練習英語，隨後學校讓她作為代表參加英語演講比賽。皇天不負苦心人，她在比賽中取得了好成績。大學畢業前，大部分同學還在為找工作焦慮，而她憑藉大二、大三的實習經歷，獲得了幾份不錯的工作邀請。同時，她還收到了康乃爾大學酒店管理研究生的錄取通知書，這是她夢寐以求的。

後來，她沒有去康乃爾大學，而是去了雪梨大學學習新領域的知識。她還學了幾個國家的語言和去了許多國家旅行，其視野和格局在成長過程中也變得更開闊。

如今，她在一家網路新創公司工作，未來很有可能會選擇自行創業。一路走來，她跟隨著自己的意願學習，漸漸成長為自己理想中的模樣。

每當她在社群平臺中「暫時消失」一段時間後，我就知道，她肯定在潛心修練，向新的目標前進了。

在她身上，我看到了普通人也可以透過不斷努力、不斷學習過上自己理想生活的。正是因為她的自律，讓她擁有了更多自由選擇的權利：她可以選擇不在家鄉工作，去一個更好的平臺發光發熱；也可以選擇留在家鄉，成為一名優秀的老師。但如果當初她不花大量時間學習，可能後面的故事又會被重新改寫了。

花時間學習知識，是可以改變自身命運的。

身為一個普通人，我透過每年做學習時間管理，讓自己保持終身學習的心態。每年我都會制定一些有難度的目標，陸續把它們拆解並實現，為自己未來三年、五年的事業發展做鋪陳。

我希望自己能夠成長得更好一些，所以更願意花時間學習。

第 4 章　學習時間規劃：以好規劃提高效率

## 第 2 節　學習時間的規劃

不管你是職場人士還是學生，你是否認真計算過自己每一天、每一週花在學習上的時間呢？

其實學習這件事，不僅指你在學校裡學習書本知識，或者學習具體的某一門學科，還指你離開學校步入社會後，從社會這所「大學」中學到哪些道理。你在職場中成長的每一年都能學到對自己有幫助的技能，你學到的所有知識和道理，都會變成你成長路上的墊腳石。這就是現代社會倡導的「終身學習」理念，只要你用心觀察，身邊的人和事都會對你有所啟發。

本章會圍繞著「終身學習」這個理念，幫助你規劃學習時間。從制定遠大目標到學習細小知識點，我們都需要做時間管理。十年樹木，百年樹人。種一棵樹的最好時間不是十年前，而是現在；學習最好的時間不是以前，而是現在。從現在開始，認真規劃學習時間，永遠都不算晚。

我們經常感慨沒有時間學習，其實是指沒有一段專注時間用來學習專業知識。這段專注學習時間會比較長，導致我們在開始的時候很難啟動。比如，學一門新的外語至少需要一年時間，在這一年裡你每週都需要花時間學習這門外語，才有可能在一定程度上掌握它。所以，我們要把一段長時間專注的學習時間規劃出來，並且細節到每天安排多少分鐘。具體安排如下。

## 第 2 節　學習時間的規劃

### 1. 寫下你想學的知識、技能

在空白紙上寫下你想學習的知識、技能。如果想學的內容太多，那就進行刪減，控制在 10 項之內。因為你不可能把所有想學的內容在短時間內全部學會，每一年都要做不同的規劃。這樣做能幫助你明確自己想學什麼。

我在剛讀大學的時候，許下了 30 歲前要實現的一些心願。其中有一個學習目標難度比較大：30 歲前，學習四門外語。為了達成這個目標，我把它分解到工作後的每一年中，用業餘時間陸續學習了法語、德語、日語。

你可以在空白紙上寫下：學習目標 + 達到什麼樣的程度。

比如，此生我不想虛度，在有限的時間裡我想實現：

A. 德語，到 B2 程度。
B. 小提琴，可以演奏 10 首中等難度的曲子。
C. 看完 1,000 本書，從中挑選出 100 本作為喜歡的書籍長期溫習。
D. 學會潛水，去 5 個不同的地方潛水。
……

學習時間預判：完成學習目標列表後，你再把這些學習目標結合自身的實際情況做一個時間預判，即哪幾個目標在未來 3～5 年的時間裡可以先完成，哪幾個目標晚點實現也沒關係。

比如「學會潛水」這個目標，需要趁年輕、腿腳還靈活的時候去實現，等老到走不動路的時候，即使想學習也不太可能了。而對於「看 1,000 本書」這個學習目標，是可以貫穿在未來 10～20 年之內完成的，只要每年確定閱讀數量目標並花時間、精力來完成即可。

## 2. 每年挑選一項你想學的知識、技能

以「年」為單位，挑選你想學習的知識或者技能，以每年學一項作為目標，在時間和精力充足的情況下，可以再挑選一項學習。

「理想很豐滿，現實很骨感。」你想學很多東西，但實際你會發現每年能把想學的知識、技能學會已經非常不錯了。

這一點我深有體會。我也曾是一個「貪心」的人，想在某一年內學習溜冰、爵士舞、小提琴等，但因為工作比較忙，沒有那麼多時間學習。什麼都想學，卻什麼都學不好，最後導致我報名學習這些課程的錢都丟到水裡了，買回家的樂器也幾乎從沒碰過，一直閒置在家裡的某個角落。人無完人，我們在成長過程中都會走彎路，我們要總結經驗教訓，不斷改變自己。

我決定轉變思路：每年只定一個主要的學習目標，其他想學的知識和技能都暫時放在一邊，待時間充裕後再去實現。

在想學的內容中，我會以自己今年的學習時間作為判斷依據。如何判斷呢？在前面章節的學習中，你可以學會預估不同事情需花費的時間，以及每一天中大約有幾個小時用來學習。所以根據每一天學習的時間挑選適合的學習內容，通常都容易實現。

比如，我今年想在事業上有一個新突破，所以花費在工作中的時間每天比原來多 1 小時，那麼我用來學習的時間（原本每天學習 3 小時）可能每天會減少 1 小時，甚至更多。今年不能學得太深或學得太多，只能專注於一項新技能的學習。如果我今年願意花更多工作以外的時間學習新知識，那麼我在其他方面的業餘時間就會減少，我需要適當做「斷捨離」。

第 2 節　學習時間的規劃

把這項想學的知識、技能，用一句話詳細描述出來，並寫在 10 張卡片上（甚至更多），然後把這些卡片貼在家裡的不同區域或公司的辦公桌上。

你可以這樣寫：「今年我想學 5 首小提琴曲，中等難度，平均每首用兩個月的時間學會，如果能按時完成，那麼還剩下的 2 個月時間可以用來再學一首。」

這樣做是為了時刻提醒自己，不要忘記年初定下的學習目標，以及告訴自己學習時間已經分配好了，需要執行學習計畫。

一位朋友曾把考研究所這個大目標寫成一句話，貼在家裡的牆上，在工作的閒暇時間進行準備考試，並把學習時間詳細安排到每一天。正是因為做了學習時間管理，加上不斷努力，她最終考入心儀的學校。她告訴我，每當她想偷懶的時候，就會看看那個顯眼的學習目標，以鼓勵和提醒自己不能放棄，不要因外界的干擾停止學習。

## 3. 排除萬難，堅定不移地安排時間學習

到了這個階段，我們要有堅定的意志力，要相信自己一定可以透過做學習時間管理達成既定目標。

我和大家一樣，都經歷過學習時間和其他時間發生衝突的情況。比如：原本的學習時間是每天的 20:00～22:00，某天由於加班導致這段時間被占據了，或者一位好朋友當天過生日，占據了這段時間。我們內心會糾結：如果選擇學習，那麼其他事情就會被耽誤；但是選擇了其他事情，當天的學習又沒辦法完成。究竟怎麼辦才好？

面臨時間衝突，可根據事情的重要與緊急程度，靈活調整學習時

第 4 章　學習時間規劃：以好規劃提高效率

間。如果選擇暫停學習，那麼要把錯過的時間在當週盡量補上（可用碎片時間、休息時間等）。

這樣做的好處是：你不容易忘記學習任務，也能使學習有效銜接。若間隔時間太長，會導致學習時間變得越來越少，錯過的內容也不容易彌補。

我會用「權衡利弊」法做選擇。學習任務繁重的情況下，例如考研究所，如果是因為好朋友的生日必須到現場，我會和對方溝通是否可以「心意禮物先送到」，等下次見面時再為對方補過一個生日。無論最終結果怎樣，我都會選擇完成我的學習目標（你可以自行選擇），因為如果連續好幾次都因為面臨選擇而耽誤學習時間，那麼未來我耽誤的時間很可能會越來越多。考研究所的目標應該堅定不移，無論颱風下雨。況且，真正的好朋友在知道你缺席的原因後，大多數情況下能理解你。

學習目標任務較輕的情況下，例如當天的學習目標是背 30 個英語單字，但加班占據了當天的學習時間，因為加班是緊急且重要的事，我會選擇先加班，待第二天或第三天彌補錯過的 30 個英語單字的背誦任務。

即使偶爾有一兩次為自己的選擇感到後悔，也不要太自責，要學會分析和處理，告訴自己下一次做時間選擇時需要考慮得更周全。原則是：再苦再累，有再多的誘惑，也要堅持每天的學習時間。

## 4. 用計時器提醒自己

在準備學習的過程中，要用計時器提醒自己，每天花費的時間是否足夠，不然很容易在學習到一半時就停止，或被其他事情打斷，以致不清楚自己到底學習了多久。計時器可以是鬧鐘，也可以是手機裡的計時

器功能。注意，在使用手機計時的時候，點選「開始」後要把手機放到距離你至少 2 公尺的地方，這樣不容易被手機資訊干擾。使用鬧鐘就相對簡單了，設定好時間後只需專注學習即可，它響起即表示你的學習時間已經完成。或者用手錶計時，盡量避免頻繁查看手錶。

無論你是否使用手機鬧鐘，都建議你把手機網路關閉，然後把它放得遠一些。在學習時間，關鍵是專注，要盡量排除外界的干擾。手機是一個最大的干擾源。

如果你是在用電腦進行學習，那麼記著關閉網頁，保證你的學習介面是開啟的即可。

## 5. 學習結束後用一句話鼓勵自己

每天的學習時間結束後，可以透過寫鼓勵的話語、給自己一個微笑等方式，給自己正面的心理暗示。

別小看這個簡單步驟，每次寫一句鼓勵的話語，堅持 100 天就能收穫 100 句。當你不想學習時，不妨回頭看看這些「正面語錄」，你堅持時間管理的動力會更大。

第 4 章　學習時間規劃：以好規劃提高效率

# 第 3 節
# 抓住幾個時間節點搞定學習時間安排

　　即使知道每天或者每週應該安排一些學習時間，但每天不一定都能有一兩個小時的完整學習時間，或者每週不一定有足夠的專注時間學習，怎麼辦？計劃不如變化快，明明心中想著本週好好學習，但實際情況是一週過去了還停留在之前的狀態。

　　這些問題很常見。本節圍繞常見的學習時間管理問題，用「時間節點」法助你管理自己的學習時間。

## 1. 做時間分析

　　首先，分析你每天或每週可以用來學習的固定時間，有幾個小時的專注時間和幾個小時的碎片時間。這一點很重要，你得明白自己哪段時間學習難一些的知識，哪段時間學習簡單知識。把這些固定的時間節點依次寫在一張白紙上。

　　我是這樣做的。

　　時間節點一：7:00～8:30是我的固定學習時間，大家還沒有上班，此時可以不用先處理工作。這段時間也是專注學習時間，可以用於學習有難度的知識。

　　時間節點二：每週不固定的某一天，如果不出去辦事，13:00～14:00可以安排專注學習時間。

第 3 節　抓住幾個時間節點搞定學習時間安排

時間節點三：每週乘坐交通工具的碎片時間累計起來是 6～8 小時，我用這段時間複習當週所學的一些內容。

## 2. 設定時間鬧鐘

設定一個或多個時間節點鬧鐘，利用這些固定學習時間節點進行學習和複習。在早晨的學習時間，我會因沉迷學習而忘記時間的存在，以致上班遲到。我透過設定 8:30 的鬧鐘提醒自己停止學習。

中午，我會再設定一個時間節點鬧鐘，14:00 鬧鐘響起的時候，我會停止手頭的學習，起身工作（在外辦事和出差除外）。每天不同時段的鬧鐘能確保我不錯過其他事情。

要挑選重要的學習時間點設定鬧鐘，一天中的學習鬧鐘最好不超過 3 個。因為你手機裡很可能還設定了每天起床的鬧鐘，一天中就會有超過 4 個鬧鐘在不同時間響起。注意，開會時記著提前關閉鬧鐘。

## 3. 使用手錶看時間節點

由於你每天的碎片時間不是固定的，有可能今天是早上，明天是下午，設定鬧鐘可能不太合適，因此使用手錶看時間節點即可。

比如，你早上離開辦公室外出，約定 10 點在咖啡館見一位客戶，提前 15 分鐘到達後，你就擁有了 15 分鐘的碎片時間。此時你可以用 10 分鐘時間閱讀幾篇文章。我平時也會利用這些碎片時間複習知識，每次看手錶都發現和心中預估的時間相差不多，在實踐中漸漸養成了習慣。

## 4. 溫故而知新

每天、每週的專注時間學習結束後，可設定一個 10 分鐘（或 30 分鐘）的鬧鐘溫故知新。

每天的學習時間結束後，可設定一個 10 分鐘的鬧鐘，用來複習，用手機裡的倒數計時功能提醒自己——複習結束後安心休息。每週如果學習時間少，可以安排至少 30 分鐘的複習時間。使用時間節點、鬧鐘法完成學習時間的管理，不僅能解決你沒有一個長的時段（超過 2 小時）學習的煩惱，還能利用碎片時間和短暫的專注時間學習，同時也能做到溫故而知新。

和許多人一樣，我曾經因為某段時間工作異常忙碌，每天沒有 2 小時的專注時間用於學習而感到焦慮。但轉念一想，既然當下沒有長的專注時間，我就用好當下的碎片時間，總有一天會結束這種忙碌工作的狀態，那時就可以多花一些時間專注學習了。

心態改變後，我利用每天的短暫時間、碎片時間學習，隨身攜帶一個口袋筆記本，用來記錄這些碎片時間所學習的內容，待時間充足時把它們謄寫到不同的筆記本裡。如果某一天忘記攜帶口袋筆記本，我就會利用手機把學習內容寫在備忘錄裡，第二天再歸類整理。

方法改變後，我因沒有專注時間用於學習而焦慮的這個問題得到了解決。工作總有忙和不忙的時候，但學習時間不能因為工作忙就按下暫停鍵。比如，我定的目標是「在 100 天內每天背 30 個單字」，每當忙碌時，我可以減少為 20 個單字，在不忙的時候把前面減少的單字補上，保證自己在這段時間不停止學習就好。

## 第 3 節　抓住幾個時間節點搞定學習時間安排

我手機裡的時間節點鬧鐘把睡覺時間節點也設定好了，鬧鐘一響便停止手上的工作，該盥洗和休息了。

2022 年有一次我去參加某個組織的頒獎活動。在頒獎環節，一個學生獲得了「優秀學生獎」，在彩排時她手裡還拿著一張數學考卷——她利用碎片時間把一張數學考卷全做完了。她剛好站在我前面。我被這個場景深深觸動了。沒有時間學習？那是因為沒有充分利用每一段碎片時間。

她獲得「優秀學生獎」，不是因為有天賦，而是因為努力，會抓緊碎片時間學習。後來，我問她為什麼要這樣做。她說高二課業繁重，當天下午的彩排活動如果不帶著作業，會耽誤晚上的進度。所以她想利用這段碎片時間寫考卷，至少保證了當天的學習任務能夠完成。整場活動彩排結束後，我本想和她交流一番，但發現她已經匆匆離開現場。

每當我抱怨工作太忙而沒有足夠的時間學習時，就會想起她，想起她認真寫考卷的背影。我用她的故事不斷激勵自己，再忙也要安排時間學習。

讓我們一起向這位學生看齊，合理利用時間學習，為自己的未來努力奮鬥。

第 4 章　學習時間規劃：以好規劃提高效率

## 第 4 節　高效率自學的方法

在這個快節奏的時代，無論你是學生還是職場人士，如果被動等著老師、上司、朋友傳授你知識，那麼你擁有的知識量會遠遠不跟不上時代發展，所以你要學會主動安排自學時間。

如果你是一位職場新人，看到一份工作的薪資不錯，但是你欠缺其所要求的綜合工作能力，此時不用氣餒，你可以把自己欠缺的能力寫下來，告訴自己用 1～2 年的時間彌補。補充了這些知識之後，再有類似機會出現，你就會有足夠的能力勝任了。

自學時間在任何年齡層都非常重要。你擁有的自學時間多，你成長的速度就會快。以下四個高效率自學的方法僅供參考。

### 1. 不離開座位

學習全程要保持全神貫注很難做到，但在自學時間裡不離開座位則相對容易一些，同時還要確保環境乾淨整潔。

人在自學時間很容易分心，很難全神貫注到最後。你想離開座位幾分鐘，找機會做點什麼事，但是離開後 10 分鐘回來，你又開始惦記另外的事情，如此循環下去，這段自學時間就被浪費了。高效利用自學時間的第一個方法：分心了，要把思緒拉回來，不要輕易離開座位或學習區域去做其他的事情。你如果無法專注學習目前的這個節點，就換另外的知識學習，換另外一本書看。

第 4 節　高效率自學的方法

　　我也有過在自學時間無法集中精力的時候。我在座位旁來回走動，但發現這樣下去我的學習效率很低，能利用的時間也很少，大部分時間被浪費了，而且越走動越焦慮。後來，我停下手頭的學習內容，開始翻閱一本書。這本書提供了一個新的思考方式，讓我漸漸進入專注狀態。

　　在自學時間裡，要想保持高效率，無論是看書還是用電腦學習，應保證手邊的學習工具只有筆、筆記本、書籍、電腦這幾樣，多餘的物品盡量不要擺放，以免影響學習效率。

　　這一點很重要。我們容易被鮮豔的東西所吸引，特別是學生，如果書桌上擺放著大量鮮豔的物品，總會忍不住拿起來把玩，導致自學時間的效率變得很低。

　　在一個擺放很多物品的房間裡學習和在一個乾淨整潔的房間裡學習，是兩種完全不同的感受。

　　前者會讓人感到壓抑。即使你是一個專心學習的人，學習效率也會降低，長期在那樣的環境裡學習效率會下降。而後者，會讓你在自學過程中感到心情愉悅，周邊沒有雜物影響到你，你的學習效率就能獲得提升，甚至有想長期待在那裡學習的想法。

　　一位家長聽過我的時間管理講座，便邀請我到她家作客。她為孩子制定了一個時間管理計畫。我觀察她孩子的學習環境後發現，孩子學習效率低的主要原因是書桌不乾淨、不整潔。她孩子的學習區域太亂，桌面上堆放著大量與學習無關的東西，孩子在學習期間很容易分心，甚至會拿起其中的物品把玩。

　　我建議這位家長重新收拾孩子的書桌，讓學習環境變得簡潔；孩子學習時，家長要盡量陪在身邊一起學習，而不是玩手機。她聽取了我的意見。經過一段時間的調整後她發現，孩子的學習效率大有提升，看書

也變得更專注，還會在學習完後與家長分享自己的學習感悟。

成年人的我們也一樣，如果辦公桌上堆滿物品，那麼工作效率就會降低。

## 2. 帶著對問題的思考自學

很多時候我們感到自學困難，其實不是因為學習的內容難，而是因為沒有帶著對問題的思考去學習。「學而不思則罔」，每天即使花費好幾個小時，也不容易得到你想獲得的知識。所以我們可以用思辨的思維自學，帶著問題閱讀和學習，即使只花 30 分鐘的時間學習，也能有所收穫。要學有所思。

孔子教導我們要帶著問題學習，在學習中思考，在思考中學習。

在自學的過程中沒有產生疑惑是大問題。學習過程中或多或少都會產生令人困惑的內容，要先把它們記錄下來，再找機會請教別人或自己尋找答案。在自學時間裡找到自己想學的內容並帶著問題學習，更容易掌握知識。

可以在自學時間做筆記。如果做紙本筆記，你可以單獨用一個筆記本；或者拿一張 A4 紙，把這段時間裡學習的知識記錄下來，可以以「週」或「月」為單位。每天用零散的紙張做紀錄，每週末將其裝訂成一個小冊子，以便日後複習。

要想保持自學時間高效，祕訣之一就是：不要因為某個問題暫時不懂就停滯不前，可以先記錄下來，待學習結束後再想辦法解決問題。

我在自學時間遇見過類似的情況──學習中因某個問題停滯不前，

後來換了一種思考方式，問題迎刃而解。一邊學習一邊記錄問題，這種方式使我對那些不懂的問題印象更加深刻了。

## 3. 用小測驗檢驗對知識的掌握情況

每次自學時間結束後，可以在當天、當週安排一次小測驗（5～20分鐘），檢查自己對知識的掌握情況。

學生時代的知識掌握情況檢測，有老師統一安排；畢業後的學習檢測，就存在很大的不確定性了。此時要學會自己出考卷給自己。在當天自學時間結束後，你可以根據內容的難易程度，花幾分鐘時間出幾道題目考考自己。比如：這個知識點我可以運用在哪裡？你也可以在當週的學習結束後根據不同的內容，出一些題目考考自己。學習完能找到配套的練習題、試卷更好。

對於那些沒有掌握的內容，在下次、下週自學的時候，可以先檢視是否掌握了，如果沒有，就需安排時間加強學習。其實對於一些簡單問題可以在當天花10分鐘解決，對相對困難的問題要花時間請教專業人士。

查漏補缺後，你就可以開始計劃下一個階段的自學時間了。

不花時間檢測學習結果可以嗎？當然可以，只是你要知道這樣做的後果：你在未來的一兩個月內很容易忘記這些知識。工欲善其事，必先利其器，做測試是為了幫你篩選沒有完全掌握的知識，讓你花一些時間鞏固。反覆測驗幾次後，你就能把較難的知識點都掌握了，何樂而不為呢？

第 4 章　學習時間規劃：以好規劃提高效率

　　由於測驗時間比較短，你可以選擇任意一天的上午或晚上，這樣既不影響平時的工作和學習，又能達到鞏固知識的效果，高效率地利用時間。如果要做一套完整的試卷，需要留出 1～2 小時。

　　記住，每次測驗都要掌握好時間，時間到就結束，即使題目沒答完也要放下紙筆，這才能反映的你真實程度。否則，很容易出現這樣的情況：試卷的題目都答對了，但原本規定 2 小時完成試卷，你卻花了 4 個小時，這說明你自學的知識並沒有全部掌握。

　　當你的自學能力越來越強時，你就能靈活安排自學時間了，甚至不用專注時間，你也能利用碎片時間自學。這是一個循序漸進的過程。

### 4. 先讓學習成為習慣，再有規劃地自學

　　如果你以前沒有自學時間的實踐經驗，那麼可以先把學習培養成一個長期的習慣，再針對具體的內容自學。

　　有人習慣線上或是到學校跟著老師學習，但一離開老師就沒有了學習的動力，導致不會安排自學時間。但自學又是非常重要的一個環節，怎麼辦？個人建議，你先把每天的自學時間安排好，哪怕只有 10 分鐘，這段時間你想學什麼都可以，把好習慣養成後再自學具體的某一項知識。

　　比如，你以前從未自學過一門外語，你可以嘗試每天花費 10 分鐘跟著聽力素材或影片學習。在開始的幾天時間，你可能需要花大量時間才能學會幾個單字，但自學堅持一個月後你就會驚喜地發現，沒有老師幫忙，你竟然也學會說幾句了。

### 第 4 節　高效率自學的方法

或者你可以利用每天 10 分鐘自學一些綜合學科的知識，今天學心理學「馬斯洛需求理論」，明天學時間管理法的「四象限法則」，用自己的語言把學會的知識記錄在筆記本裡。每天不斷自學，待 21 天養成習慣後，你就可以針對自己感興趣的心理學知識進行系統化學習了。這個過程是為了讓你學任何知識都能堅持下去，不會輕易半途而廢。

在健身房健身的時候，你會發現這樣兩類人：一類人跟著團體課程老師每週學習不同的健身操，他們離不開老師的教學，無法獨自跳完一段健身操；另外一類人獨自在器材區練習，他們已經掌握了器材操作技巧，只需花時間刻意練習。

前者要把自學時間安排出來，因為一直跟著老師的動作模仿，就無法得到成長，或者離開老師的帶領就無法獨自完成練習。而後者，透過前期老師的指導後掌握一定的方法和技巧，達到舉一反三，掌握器材訓練的要點，透過自學加刻意練習漸漸變成健身達人。

當然，這兩類人都不如花時間和精力學習的人。有一類人明明知道學習健身知識對自己的健康有幫助，卻遲遲不肯付出時間，永遠也不會變成健身達人。

透過合理安排自學時間，你在不斷「升級打怪」的過程中會收穫一些知識，而它們在將來的某一天會幫你一個大忙。

第 4 章　學習時間規劃：以好規劃提高效率

## 第 5 節　向專業人士請教，取長補短

將一張空白的 A4 紙按橫向和豎向分別對摺，使其呈現四個部分，再在每一部分寫下一位你身邊的令你佩服的人。無論哪一個產業都有值得你學習的人。

在他們的名字下面分別列舉出 5 條你佩服他們的地方（或他們的優點）。

寫上打算向他們請教的時間，以及請教後的總結回顧。

比如，李老師是我佩服的人，他身上有這樣幾個優點：

（1）做事認真，對待教學態度嚴謹。

（2）知識淵博，對各個學科的知識都能列舉一二。

（3）喜歡看書，每看完一本書都會與我交流書中的內容。

（4）每週都健身，每年會參加馬拉松比賽。

（5）做事情不拖延，學校安排的許多工作他總是率先完成。時間管理做得好，上課從來不遲到，會在下課鈴響起時結束教學。

我想在 xxxx 年 x 月 x 日 14:00 請教他。

你會發現自己在思考和列舉的過程中，確實能發現身邊一些令你佩服的人，平時你可能與他們沒有過多聯絡，或者不一定能隨時請教，但你心中一直有這樣的人存在。對於這些人，你要思索如何向他們請教；換一個角度，要讓他們願意花至少 10 分鐘的時間與你交流。因為他們很忙，相對而言他們的時間安排很緊湊，向他們請教，你會有新收穫，這是學習時間的一部分。

## 第 5 節　向專業人士請教，取長補短

　　學習從來都不局限於書本知識，身邊優秀的人也值得我們學習，而且他們的智慧能在某個方面給你啟發，甚至能讓你產生「啊哈時刻」的感覺，這是一筆寶貴的精神財富。

　　我剛工作時不懂這個道理，導致走了許多彎路。這兩年獨立創業後，我在請教別人這件事上從不敢懈怠，也更懂得其中的好處。前幾年我在職場上習慣於悶頭工作，只會在自己遇見實際問題時才去請教別人。這樣做有弊端，不是所有工作都可以自己完成，有些問題需要在專業人士的指點下解決，他們站在更高處，看到的東西比我更全面，考慮問題也會比我更周到。

　　之前我總覺得請教別人太麻煩，怕對方不願意抽空幫我解答疑惑。但實際上，我的擔心是多餘的，許多時候他們很樂意抽時間指點我，哪怕是一位很忙的成功企業家，他只有 30 分鐘的休息時間也願意抽空與我交流。從他們身上，我學習到許多有用的知識，這幫助我節省了不少因為走彎路而繳納的「創業學費」。

　　比如，一位優秀創業前輩在我剛開始創業時曾提點我：「現金流為王。資金只進不出、只出不進都不是好公司，資金有進有出，說明你的業務正在活動。有資金進帳，說明你的公司有業務可做；有資金出去，說明你會把公司的錢分出去給不同的人和公司，一來一往業務漸漸便多了起來。比如，你花錢請員工做事，花錢請第三方公司做設計圖等等，都是資金的流動。要做一個長期主義者，不要只考慮眼前的利益，多做對社會發展有貢獻的事情，你的公司業務一定會越做越好。」

　　順著前輩指點的思考方式，加上我第二次創業時總結了第一次創業失敗的經驗後，公司經營漸漸有了起色。我現在也不斷地向更多專業人士請教，希望未來事業能達到新的高度。

第 4 章　學習時間規劃：以好規劃提高效率

那麼，如何邀請專業人士，使他們願意花時間與你交流呢？希望以下方法能對你有所啟發。

## 1. 在請教別人前，考慮自己能為對方提供什麼幫助

比如，你的英語還不錯，想與一位高手請教如何做客戶關係管理。在傳訊息向對方預約時間時，你可以這樣編輯內容：「x 總您好，貴公司的 xx 業務一直是領先群雄，我很佩服，也想向您取經學習客戶關係管理的一些知識。請問，您本週什麼時候方便呢？想請您吃一頓飯，您看公司附近 A 和 B 餐廳的口味是否符合呢？希望您能抽出 1 小時來指導我。我英語還不錯，了解到貴公司也有一些海外業務，若有翻譯需求儘管和我說，我可以免費翻譯。」

身為一位後輩，你用尊敬的語氣邀請對方表示誠意，並且說明來意，對方如果有意向自然會答覆你，如果沒有意向就不會答覆，你不用糾結對方是否願意花時間指導你。而且你這樣說話不容易得罪人，先誇獎對方的優點，同時告訴對方你已經考慮過時間問題，能讓對方知道你尊重他的時間，對方如果願意幫你，就會從忙碌的日程表中安排 1 個小時與你會面。

如果你向對方請教預約見面，卻沒說明時間和來意，只是簡單地問一句：「x 總您好，我有個問題想請教你，不知道您有沒有時間呢？」這樣的問題會讓對方很為難：對方是應該回覆你「我沒有時間」，還是回覆「我有時間，但我不知道你需要與我交流多久」呢？

一位朋友和我說了她的一個故事。那時她大學畢業不久，去參加一個網路產業論壇，有幸認識了幾位成功人士並加了他們的好友。但是當

第 5 節　向專業人士請教，取長補短

時的她不懂得擁有這麼好的學習請教機會有多麼幸運，白白浪費了向大師請教的機會。她傳了一個問題給大師們，希望得到大師們回覆，但最後沒有一個人回覆她。

她是這樣問的：「x 總您好，我覺得最近自己十分迷茫，我該怎麼辦？」

你在看到這個問題時，是不是也會為年輕時的她的提問感到惋惜呢？一是沒有明確具體想請教的問題，二是沒有從對方角度思考問題，三是不知道請教的話語該怎麼說。而且這個問題與產業無關，菁英們平時日理萬機，每天都會收到大量的訊息，偶爾看到訊息沒有回覆也是正常的，更何況是看到這樣一條與自己無關的訊息呢。

從利他的角度思考，你應該意識到自己在向別人請教的時候，不只是單方面在向對方索取時間，也要為對方提供一些時間價值作為交換，對方經綜合考慮後會決定是否與你見面。

在向一位銷售菁英請教的過程中，我學會了一個巧妙的溝通方法。他為了約請一位重要的客戶，雖多次被拒絕卻依舊堅持，最終用實際行動感動了客戶，客戶答應給他 10 分鐘時間介紹產品。他並沒有用這 10 分鐘介紹公司的產品，而是用這段時間介紹自己能為客戶提供的 A、B、C、D 服務，這些服務可以幫客戶解決什麼難題。透過這個案例，我明白為什麼他的業績會那麼好了：為客戶考慮得如此周到，就近選擇客戶方便的地方，提出只占用客戶 10 分鐘的時間，對方也能有一些收穫，為什麼不見面呢？

從那以後，我也學會運用這個方法不斷向身邊的高手請教。他們有人教我如何應對公司的突發事件，有人教我做客戶關係管理，有人教我財務知識……

## 第 4 章　學習時間規劃：以好規劃提高效率

三人行必有我師。向不同行業的專業人士請教，比起自己「摸著石頭過河」的摸索式學習，的確節省了不少時間成本。而那些節省出來的時間成本，可以用來做其他重要的事情。他們在職場打拚多年，在各自領域不但能立足而且有自己的一席之地，肯定累積了一些做事的好方法。你只有虛心請教他們，才能領悟到這些好方法的真正精髓。

## 2. 表達感恩之情

在學生時代，你向老師請教一個問題後，會對老師說一句「謝謝」，感謝老師付出時間指導你。

走上職場後，你向專業人士請教，也應該用他們能接受的方式表達自己感恩的心。你要感謝他們願意抽空指導和提點你，才讓你在短期內獲得一些有價值的資訊，少走了彎路。你不一定送貴重的禮物，請他們吃飯也不一定選高級餐廳，最重要的是在能力範圍內表達你對他們的感恩之情。

我身邊的一位創業朋友是這樣做的：每次他想向專業人士學習的時候，先觀察對方還缺乏哪一方面的資源，待把資源整理完畢再去請教。在請教過程中他會順便說「我這邊 C 公司的資源可以和貴公司合作，看看是否能幫到貴公司？」類似的話，如果對方有意願和 C 公司合作，談話結束後雙方都會向對方表達感謝。用先付出再得到的模式請教專業人士，對方大都很願意幫忙。

受身邊朋友的啟發，我現在遇見某個領域不懂的知識時，會虛心請教專業人士並為對方考慮。與對方交流結束後，我會用對方能接受的方式表達感恩。例如，我請教一位學者，會提前上網搜尋他研究領域的相

關書籍並購買閱讀，待請教結束後，如果對方願意，我會送幾本他感興趣的書作為禮物，以表達我的感恩之情。

只有懂得感恩，你才能越走越穩，越走越遠。

## 3. 做現場記錄並整理筆記

專業人士願意抽出 30 分鐘、1 小時的時間為你解惑，幫助你學習更多有用知識，幫你少走彎路，這是一件好事。但別因為高興過頭，忘記做筆記或摘要，過段時間再回想學到什麼時，早已不記得當初對方分享了什麼。

做筆記很重要。如果現場記錄不下來，那就回家後安排 30 分鐘的時間把對方講的要點整理成筆記。如果現場能記錄下一些關鍵字和金句更好，便於後續整理。

每次我向身邊的專業人士請教時，都會隨身攜帶工作時間管理筆記本，在當天的那一頁中，用「二等分」法則，在上半頁做筆記，把底下留白的部分用來記錄交流過程中的收穫，我一般會用關鍵字和金句進行總結。等交流結束後，我回到家或辦公室後，會用 30 分鐘的時間把它們整理成一份筆記（電子版或者紙本版）儲存下來。將來某一天我用到這些知識點時，按照日期尋找，只需 5 分鐘便可找到關鍵內容。所以在安排學習時間（請教）時，我會把這 30 分鐘的做筆記時間也歸入當天的學習時間規劃中，而不必擔心沒有事先預留時間做筆記。

在請教時間裡，我也會徵求對方的意見，問其我是否可以做筆記，記錄對自己有幫助的知識點，在得到對方的同意後我才記錄；對方若擔心我的記錄會洩漏個人隱私，我也會尊重對方的意願。大家不妨在請教別人的時候參考這個方法。

## 4. 等價交換／溢價交換

什麼是高手的時間等價交換？比如，對方一天 8 小時的工作時間薪水是 4,000 元，那麼他每小時的工作時間價值就是 500 元。你向對方請教，占用了別人賺 500 元的時間，你是否能拿出某些能力讓對方看到他值得放下賺 500 元的時間和你進行交流呢？換句話說，別人憑什麼願意花時間和你交流，是因為對方看到你身上有一些亮點，也許將來能夠互相幫忙、互相成就。

時間溢價交換是什麼呢？對方每小時值 500 元，你每小時值 550 元或者值 450 元，你們的社會地位相當──都是在不同領域有一定成就的人，所以中間那 50 元的溢價時間對方不會太在乎，他願意花時間與你交流，同樣也看到了你的時間是值錢的。即使中間有溢價，但是對方知道他也能從你這裡獲取一些有價值的資訊。

這就是為什麼不同行業的專業人士之間更容易交流，你如果和他們差距太大，那麼你們之間無法實現時間等價交換或溢價交換，所以對方不答應你的請教也是出於此。

明白這個道理後，你更應該做好時間管理，讓自己在某個領域有一定的成績、有可以拿得出手的東西，這樣在與別人交換時間時，才能實現時間等價交換甚至溢價交換。

以上這四點，能夠幫助你在學習時間裡更好地請教別人，成為更好的自己。

讓我們各自努力，在更高處相逢。

# 第 6 節
## 找到你付出學習時間的內在動力，並堅持下去

　　不少人在說「我太忙了，沒有時間來學習」這句話時，很多時候是在找藉口，因為他們沒有找到學習的內在動力，覺得學習是一件令人痛苦的事情，所以不願意安排自己的學習時間。學自己喜歡的知識時，你會安排時間學習，而面對自己不喜歡的內容就會一直拖延。

　　每個人的內在動力不一樣，而內在動力會影響事情完成的結果。

　　其實做時間管理也是一樣的，如果你找到自己的內在動力，就可以堅持下去把這件事做好。特別是在剛開始學習時間管理時，你需要大量的內在動力，驅動你堅持下去。

　　那麼如何找到付出學習時間的內在動力呢？

## 1. 用最終想實現的目標倒推

　　你知道最終的結果是美好的，但過程很痛苦，此時就需要以結果為導向，不斷激勵自己堅持下去。

　　例如：中高級英語檢定學習時間漫長，令人痛苦，有可能這個學期沒通過，下個學期又需要花同樣的時間和精力準備考試。既然一次、兩次考試都痛苦，不如設法一次痛苦完，後面就可以不用重複花費時間準備考試。這樣想了，你就找到了為中高級英語檢定付出學習時間的內在

### 第4章　學習時間規劃：以好規劃提高效率

動力。再想一想，既然只想痛苦這一次，那長痛不如短痛，新學期開始就認真準備背單字。根據目標總數分配，每天花1小時的學習時間背若干個單字，堅持1～2個月，就攻克了背單字這件痛苦的事。詞彙量增加了，做模擬考題的時候就不會慌張，看到的詞彙都熟悉，也能快速找到對應選項的答案。如此一步一步下去，你就會形成學習時間的正向回饋，漸漸擺脫原本的痛苦學習狀態。

再比如，身為一名會計，考會計師證照很難，但是你知道通過這個考試後，你的職位和薪水會與之前的完全不一樣，同時這也是一個新的職業發展機遇。既然你心中想實現這個有難度的學習目標，那就應該比過去花費更多學習時間完成它。既然最終的目標是通過考試，需要付出時間和精力，不如現在就開始準備。

這樣即使每天再難、再累，心中都有一個重要的學習目標等待你去實現，你不會因為內在動力不足而輕易放棄，也更願意花時間實現目標。

### 2. 先從令人愉悅的知識開始

從簡單到複雜，能讓你有一個快速啟動學習的機制，從而不會導致學習一直拖延下去。

關於這一點，我最深的感受是：如果要我每天先學習數學，我很難堅持下去；但是如果先從外語學起，過段時間再學數學知識，我就會比之前多一些內在動力。

你可以用下面的方法安排學習時間，獲得更多內在動力。如果每天有1小時的學習時間，可用前面40分鐘學習那些能讓你產生愉悅感的知

識，後面 20 分鐘學習那些對你來說有難度、你不願意學習的知識。待適應一段時間後，再把時間調整為前面 30 分鐘、後面 30 分鐘；甚至可以調整為前面 20 分鐘、後面 40 分鐘。你能有效率地利用這段學習時間，也能源源不斷為自己提供內在動力，這樣一來，學習的良性循環便開始了。

其實我們不必把獲得內在動力這件事想得太複雜，只須調整好自己的心態，不逃避那些學習的困難，嘗試著與它們握手言和。如果你實在堅持不下去了，在想要放棄的時候多想一想：自己為什麼要花時間學習，如果現在放棄的話是否值得？當你把學習時間安排得井然有序，就能獲得更多做時間管理的內在動力。

以前我的各科成績十分不平均，只學自己熱愛的、感興趣的知識。比如，讓我一整天泡在圖書館裡學外語沒問題，但我看到一道較難的數學題就感到頭痛，也不願意繼續學下去。我用這個方法，對外語學習和做數學題的時間做了調整，最初每小時用 20∶40 的比例分配，到後來 30∶30 的比例分配，再到最後 40∶20 的比例分配，不斷突破自我極限，認真學數學。在硬著頭皮做數學題的這些時間裡，我找到了方法和技巧，花費的時間也相對多了一些，漸漸有了內在動力，到期末考試的時候我的數學成績竟然有了提升。如果當時不改變自我，我很可能就一敗塗地，不願意把時間花在學數學上，成績最終也不會有任何提升，甚至從此對學數學產生厭惡。

## 3. 通關後給自己獎勵

每次通關後及時給自己一個獎勵，讓自己學習上癮，從而願意每天安排學習時間。

## 第 4 章　學習時間規劃：以好規劃提高效率

　　無論是電腦遊戲還是手機遊戲，它們都有一個共同特點——讓人上癮。為什麼呢？因為你闖關一結束，會立刻得到一個獎勵，讓你獲得足夠的成就感，然後進行下一關挑戰。所以你在玩遊戲的時候總覺得太過癮了，一直不願意停下，哪怕在某一個關卡一直不能通關，也願意花時間重複練習，直到通關為止。之前多次未通關並沒有讓你產生挫折感，是因為你有足夠的內在動力，相信自己下一次能贏。當你最終贏得這一關遊戲時，你會覺得自己是世界上最幸福的人，所有的努力都沒有白費。

　　如果我們把玩遊戲的這個力量花在學習上，那麼我們的學習將會開啟「外掛模式」。

　　你一直想每天安排 30 分鐘的學習時間，實際卻「三天捕魚兩天晒網」，這次痛定思痛下決心要改變，不妨按照遊戲裡的闖關模式為自己設定學習時間。若每一個時段完成學習任務就有積分獎勵，而這些積分可以兌換成物質獎勵，也可以兌換成娛樂時間。每天持續學習 10 分鐘，就獎勵 10 個積分；超過 1 小時，再額外獎勵 10 個積分。開始時你通過闖關模式可以獲得 20～30 個積分，到後面你能堅持的學習時間越來越久，直至超過 1 小時，總共可以獲得 70 個積分。

　　若超過 100 個積分就可以兌換一個小禮物，或者兌換 30 分鐘娛樂時間，在這段時間你可以盡情地玩手機、和朋友聊天或做其他你想做的事。你也可以選擇暫時不兌換，把積分累積到一定數額時兌換一個大獎品。這些積分規則完全可以根據你的個人計畫進行更改調整，只要確保你每天都願意花時間投入「學習闖關模式」。

　　為了獲得更多積分，你每天都願意安排學習時間闖關，隨著時間的累積，你在學習這件事上變得越來越主動，便形成了一個良好的循環。

第 6 節　找到你付出學習時間的內在動力，並堅持下去

我是一個不愛玩電腦、手機遊戲的人。有一天，我看到身邊一位朋友花費了 3 個小時在某款手機遊戲上，這讓我有些費解。我問他：為什麼如此喜歡玩遊戲？他說因為能獲得成就感（內在動力），每次通關就有一個新裝備贈送給他，他想集齊這款遊戲裡的裝備。後來我特意去研究了玩遊戲成癮背後的心理學，發現這樣的激勵模式可以用在做時間管理方面，培養時間管理的好習慣。

## 4. 告誡自己：不進則退

在職場上，如果你不願意花時間學習，競爭對手就會超越你，你期待的升遷加薪就都與你無關了。若你一直活在自己的小世界裡，覺得當下取得的成就還不錯，暫時不用花時間學習，那麼你漸漸就會變成所謂的「井底之蛙」，只見眼前那片天空，而不知外面的廣闊天地。

不想安排學習時間，就多想想你的敵人（競爭對手）吧！此時他們會怎麼做？他們也和自己一樣想偷懶，還是早已悄悄花時間學了更多知識？想不被替代和超越，就要不斷挑戰自己，花時間學習只是其中的一部分。你連這個部分都沒辦法完成，如何形成自己的核心競爭力呢？

知識不是等到有用的時候才去學，而是要先學習，在將來某個時間用到時才不會手忙腳亂。

我有一位在銀行工作的朋友，他的業績每年都能在公司排名前三，經過 10 年的努力終於成為一位中階主管。許多人羨慕他，殊不知他背後花了很多時間學習。他都學些什麼知識呢？心理學、金融學、經濟學、時間管理……現在他甚至學習了元宇宙知識。為什麼要學那麼多的知識呢？他告訴我，為了不被競爭對手取代。銀行競爭激烈，誰業績好誰

## 第 4 章　學習時間規劃：以好規劃提高效率

就留下，勝者為王。所以不努力學習就等於退步。要保持前段排名的業績，就需要具備良好的客戶關係，而客戶的需求千奇百怪，如果你的知識量不夠，就無法滿足客戶的需求，也無法做好客戶關係管理。這就是他的內在動力。所以他每年都會安排時間學習新領域的知識，以便在和客戶打交道的過程中更自信，最終取得客戶的信任。

正是因為有敵人的存在，無論你是否願意，都得花時間學習。

## 第 7 節
## 建立自我激勵系統，培養持久力

在過去幾年裡，我陸續幫一些企業、單位、學校做過時間管理的培訓，學員們問得最多的問題是：

「我知道做時間管理的好處，可是我堅持不了幾天就放棄了。怎樣做才能一直保持做時間管理這個好習慣呢？」

「身邊沒有做時間管理的朋友，我也堅持不下去了。」

無論是「工作時間管理」還是「學習時間管理」，學員們都很想把這個好習慣堅持下去。出於各式各樣的原因，他們半途而廢。但是不甘心的他們，還是試圖嘗試重新啟動這個計畫。其實他們能開始行動就已經超越了大部分人；而沒有堅持下去，是因為他們缺乏持久力。若逐漸培養持久力，那麼做時間管理就不會成為大問題。

如何培養持久力呢？你需要建立一套完整、詳細的自我激勵系統。

## 1. 從外界獲得力量

讓他人激勵你，你獲得正向回饋，就能夠堅持做時間管理。你從他人、外界獲得的力量越多，就越能培養自己的持久力。

回想一下，你對一個不會說話的小嬰兒，是不是每次都會面帶微笑、不厭其煩地一遍又一遍重複鼓勵他說話，你甚至會像一臺錄音機一樣，不停地重複「吃飯飯」、「睡覺覺」等類似的疊詞，目的就是鼓勵小嬰

## 第 4 章　學習時間規劃：以好規劃提高效率

兒說話。在這樣的激勵系統裡，小嬰兒感受到一次又一次的激勵，在某個不經意的瞬間，他就學會說你教的那幾個詞了。

這就是來自他人的激勵。

你還記得小時候被身邊的朋友或者長輩表揚一句就能開心好幾天的感覺嗎？那時候外界只要激勵你，你就能獲得一份持久的力量。如今隨著年齡的增長，對你而言從外界獲得力量的門檻越來越高，可能一次表揚不會給你多少激勵，只有多次表揚、甚至物質上的激勵才能夠給你力量，幫助你建立自我激勵系統。

學生時代，在我剛開始學英語的時候，有幾位老師誇我的英語學得不錯，也許他們的話是無心插柳，但對我而言是一個很大的激勵。每次學英語感到困難時，我都會想起老師說過的話，不斷鼓勵自己堅持下去，後來竟然學會了多國語言。如果不是當初無意中獲得的激勵，我很可能在學英語這件事上沒有足夠的力量堅持下去，也就不會有後面學習多國語言的故事了。

在獲得他人的激勵後，你更容易擁有持久力。你需要建立一個自我激勵系統，從獲得他人的激勵開始，發展到能夠自我激勵。

比如，你規定自己「每天寫 3,000 字的文章，持續 21 天有獎勵」，可以提前把獎品買回來，交給朋友保管。如果你完成了，朋友會把這份獎品給你；若沒有完成，獎品就變成朋友的。無論你是否最終完成，至少有一個外界的力量會支持你把目標達成，能給你一些激勵。況且就算最終沒有完成，把獎品作為禮物送給朋友也是一件令人開心的事，朋友的激勵和督促比自我鼓勵更有意義。

做時間管理也是如此，如果你感到難以啟動，不妨嘗試讓身邊的人激勵你。那麼，如何讓他人激勵你做時間管理呢？最簡單的方式，就是

給他一筆 500 元的押金（可以自定義金額），每次堅持做時間管理 1 天就退回你 100 元，堅持做時間管理 5 天你就可以把這筆押金贖回。透過這套激勵機制達成目標，想想都會覺得開心，你便會在他人的激勵下開始做時間管理。

那麼 5 天過後自己沒持久力怎麼辦？不妨把時間延長一些，比如用 21 天、100 天來培養習慣，漸漸地，不用他人激勵，你也可以完成得很好了。

## 2. 不斷給自己正向回饋

每週記錄做時間管理的成就感。

從開始時需要他人激勵，到後來漸漸能自我激勵，這就是一個進步。如何自我激勵呢？有各種各樣的方式，你可以用自己喜歡的。例如，你喜歡讀書，可以在不同的階段完成學習時間的管理後，買一些新書作為獎勵自己的禮物。

我在剛開始做時間管理時曾不斷激勵自己，用正向的心理暗示自己一定可以成功的。我以 7 天為單位，記錄自己做時間管理的成就感，堅持一年後我可以獲得至少 50 個成就感（甚至更多）。每當我沒有動力時，我就會去回顧這些成就感，告誡自己繼續保持，從而獲得做時間管理的持久力。

做時間管理，不能一直處於緊繃狀態。

在自我激勵的過程中，心情偶爾低落、放鬆，這是正常的，不必自責。實在不想做時間管理，就換一個思考方式，嘗試在空白紙上寫寫畫畫，等狀態好一些再把落下的事情補上。

第 4 章　學習時間規劃：以好規劃提高效率

　　自我激勵，除了精神的，還可以適當採用一些物質的。你可以自己繪製一個打卡表，以 7 天為一個週期完成目標，7×7=49 天為一個小週期，98 天為一個大週期，在大、小週期裡用一些自己喜歡的物品獎勵自己。

　　我曾經為自己訂了一個「持續 21 天每天跑步 20 分鐘」的計畫，對於不喜歡跑步的我來說，每天跑 20 分鐘是個很大的進步。第一個 7 天結束的時候，我獎勵自己吃了一頓大餐；第二個 7 天結束的時候，我獎勵自己一支名貴的鋼筆；第三個 7 天結束的時候，我獎勵自己一套精美的學習用品。

　　後來我發現自己不需要物質獎勵也能堅持跑步了，因為每次跑步的時候，想想當天又能享受跑步帶來的成就感，我都會感到無比開心。那段時間，身邊的朋友都覺得非常不可思議：我居然開始跑步了，還每天堅持著。他們也好奇我背後的持久力從哪裡來。其實，持久力源於內心的正向回饋，越激勵自己，就越能獲得快樂，越快樂地完成時間管理的待辦事項，就越能擁有持久力。

　　自我激勵不是打腎上腺素，也不是灌心靈雞湯，而是有目標、有方法地行動。心靈雞湯只能在短期內讓你感到動力十足，過後很容易遺忘。唯有將方法論和實踐結合起來，才能讓你獲得做時間管理的持久力。

## 3. 激勵他人

　　激勵他人也能使你獲得持久力，並且擁有更多的正向回饋。

　　當你經歷過前面兩個階段，直到把時間管理清單裡的學習任務都完成，此時你或多或少都會有收穫。你可以採用「激勵他人」的方式，幫助

## 第 7 節　建立自我激勵系統，培養持久力

更多人獲得持久力。

我受身邊一位前輩的啟發，採用下面這種方式獲得了更多持久力。

這位前輩是這樣做的：他每次跑步結束後，都會在一個跑步群組裡打卡，並附上一句「寄語」。在 365 天裡，他每天寫的寄語內容完全不重複，而且從字裡行間可以感受到他的真誠。一開始只有少數幾個人回覆他，後來越來越多的人回覆他，並受他的鼓舞開始跑步。他用自己的實際行動激勵他人跑步，群組內漸漸形成了一個良好的跑步氛圍。大家也透過跑步這件事獲得了一些正向回饋，並傳送到群裡，這個群組就變成了一個具有持久力的群。身為群成員之一，每當我想偷懶的時候，看到群裡大家都在認真跑步和做紀錄，就會告訴自己不能輕易偷懶，要堅持跑下去。

我開始把自己每次跑步、讀書的內容也分享到我的讀者群裡，並附上一段話。開始時只有少數人和我一樣堅持跑步和讀書，後來參與的人越來越多。我還會分享一些自己做時間管理的感悟。大家有感於我的知行合一，受我的激勵，也開始認真做時間管理。

我在群裡看到大家的改變，也從他們身上獲得了更多的正向回饋，他們的行動也激勵我更努力做時間管理，把更多的方法分享給大家。

透過「他人激勵自己、自我激勵、自己激勵他人」的方法，形成一個可持續的、長期的激勵系統，能幫助你長期獲得持久力。希望你把這個方法運用到工作和生活中，幫助自己做好時間管理，同時也可以激勵他人共同進步。

第 4 章　學習時間規劃：以好規劃提高效率

## 第 8 節
## 截止日期：
## 幫你戒掉拖延的習慣，提升效率

一位朋友曾和我聊到「截止日期就是生產力」這句話，他說自己就是一個做事習慣拖延的人，在截止日期前總想著有足夠的時間拖延下去，而快到截止日期的那幾天，反而是他做事效率最高的時候，他總能在截止日期到來前把任務完成。但是他非常不喜歡這樣的感覺，雖然每次都完成了任務，但整個過程處於緊張又焦慮的狀態，吃不好也睡不好。

我提醒他，截止日期是一個好方法，只是他運用錯了，其實不應該等到最後那幾天才狂趕進度，而是知道做任何事都有截止時間，才要趁早完成。而且你在完成某個時間管理中的事項時，不應該只設定一個截止日期，你可以設定多個截止日期不斷提醒自己，這樣就不用到最後時刻才匆忙趕進度。

設截止日期，是為了讓你知道這件事的重要緊急程度，而不是讓你拖延到最後那一刻。比如，組長讓你今天準備一份演講資料，明天交給部門主管，你透過設定截止日期表明事情緊急且重要，故必須盡快完成；但如果組長只是讓你準備演講資料但並未說截止日期，或者 7 天後才截止，你就可以慢慢完成任務。沒有時間緊迫感後，反而容易讓事情拖延到截止日期。

那我們該如何有效運用截止日期，幫助我們戒掉拖延的壞習慣，提升效率呢？

## 第 8 節　截止日期：幫你戒掉拖延的習慣，提升效率

### 1. 設定多個截止日期

根據目標設定多個截止日期，而不是只有一個截止日期。

每個人的學習目標、工作目標都不一樣：有的目標比較容易實現，只要設定 2～3 個截止日期即可；而有的目標則需要花好幾個月才能完成，此時只有一個截止日期就不合理。

比如，對於參加研究所考試的學習目標，只設定一個截止日期，比如 12 月下旬的某一天。在新年開始的時候，你會覺得時間還早，年底才考試，還有大把的時間。但如果設定了多個截止日期，你就會發現原來學習目標需要花很多的時間，自己不抓緊時間學習就容易懈怠，特別是對於一邊工作一邊備戰考研究所的人來說，與在校學生相比，他們少了許多準備考試時間。

你可以這樣設定考研究所的截止日期：

截止日期一 —— 3 月 31 日前，完成英語單字兩遍，完成學校和系所的選擇，加強數學基礎知識的學習和複習。

截止日期二 —— 5 月 30 日前，加強指定科目基礎知識的學習和多次複習，完成英語聽力和閱讀的突破。

截止日期三 —— 10 月 31 日前，完成各個學科的系統知識學習和複習，做幾張模擬考試卷。

截止日期四 —— 11 月 30 之前，把各個學科的考古題做一遍，查漏補缺。

……

為了完成大目標，要透過設定不同的截止日期幫助自己克服拖延症，這樣就不易感到慌張無措。如果你下半年才準備考研究所，那麼即使再有天賦，也不一定拚得過那些很早就做準備的人。

第 4 章　學習時間規劃：以好規劃提高效率

不同的截止日期，能讓你意識到每個月都要花費一些時間用在學習中。你在面臨做「出去玩」還是「在家學習」的選擇時，需要綜合考慮利弊，否則很容易受到外界誘惑而把學習時間變成玩耍時間。

## 2. 截止日期搭配懲罰制度

如果你覺得只設定截止日期還不夠，可以在此基礎上增加一個懲罰制度；如果某項任務在截止日期結束時還沒完成，可以執行懲罰制度。懲罰制度可由你自行制定，或者邀請身邊的朋友制定，制定後要保證嚴格執行。

你可以這樣設定：

第一次錯過中間階段的截止日期可安排一個小懲罰；第二次在原來的基礎上懲罰力道加強一些，並提醒自己「事不過三」—— 後面不能再錯過截止日期了。如果你覺得自我懲罰比較難，可以邀請朋友監督懲罰你。

我曾與 15 位朋友建立了一個群組，每個人每週都要在裡面發一篇原創文章，相互督促寫文章，每週日 23:00 為截止日期。逾期誰沒更新文章，誰就要主動發一個 100 元的紅包在群組裡作為懲罰，群裡的所有人都可以搶紅包。懲罰紅包超過 3 次的人，就要主動退群。

剛開始，大家都能按時提交文章，幾天後就有一兩位朋友沒有在截止日期前更新，於是他們主動發紅包作為懲罰。被懲罰過的人記住了這次經驗教訓，下次一般不會拖延。因為群組裡的督促效果比較好，所以大家幾乎沒有再發過懲罰紅包，最終也沒有任何人因為懲罰制度而退群。透過為期一年的實踐，群友們都培養了每週寫作的好習慣。有的群友寫出了網路上點閱量超過 100 萬次的文章，有的群友出版了人生中的

第一本書。他們都感慨，原來用截止日期搭配懲罰制度真的有助於高效率工作。

後來這個群組變成了一個「只有精華沒有閒聊」的群，大家不會在群組裡多說話，似乎形成了默契，只是保持著更新。需要找某人聊天的，我們會單獨私訊，群組裡大家一直保持只發文章不閒聊的狀態。甚至後來大家除了寫作打卡，還把自己的日常學習情況在群裡打卡，從而形成了一個良好的學習氛圍。大家還會把一些非原創的好文章轉發到群組裡一起學習和交流。我也是在那段時間高效率利用時間，每天工作完後心中都會有一個打卡的目標，把寫作內容打卡發送到群組中。

如果沒有截止日期和懲罰制度，我們的群組很有可能最終變成一個閒聊群，大家只會在裡面聊一些無關緊要的話題。正因有懲罰制度，才會使群組的氛圍變得積極向上。後來大家面對面交流時，紛紛感慨，懲罰確實能督促有效利用學習時間。

我也曾為截止日期焦慮過，但是使用這個方法後，把任務拖延到截止日期前一天才完成的情況就很少出現了。

## 3. 截止日期搭配獎勵制度

有懲罰制度，當然也要有獎勵制度，為了更好地在截止日期前完成任務，我們還可以搭配獎勵制度使用，這樣能讓我們的學習時間更有效率。

如何搭配使用呢？比如，你的目標是每個星期閱讀 3～4 篇 1,000 字的英語文章，以每週日 23:00 為截止日期，如果提前一天完成任務則獎勵自己 1 個積分，提前兩天完成任務則獎勵自己 2 個積分，以此類推。

第 4 章　學習時間規劃：以好規劃提高效率

越早完成學習任務，你節省的時間就越多，可以得到更多積分兌換自己喜歡的禮物。獎勵和積分規則由你自己制定，在截止日期前越早完成任務，能獲得的獎勵就越多。何樂而不為呢？

如果你的大目標有多個截止日期，可以設定為不同的截止日期段，安排不同的積分和獎勵，把積分累積到最後可兌換一個大獎勵。比如，我在寫這本書的時候，為六個章節的內容設定了六個不同的截止日期，如果每一章節完成的時間都在截止日期前，就給自己一定積分和一個小禮物作為獎勵，等到最後完成的時候會給自己一個大禮物作為獎勵。每當我想把「工作忙」作為藉口不想寫作時，就會想想我的截止日期，再想想我的獎勵和懲罰，我更想獲得獎勵而不是懲罰，於是便督促自己不要偷懶，每天都要安排時間寫作。

我讓自己兌換的獎勵物品通常是：自己喜歡的筆記本和筆、書和香水。我每完成一個截止日期的任務，就會從中挑選適合的物品獎勵自己；若沒有完成，就把懲罰紅包發給群組裡的群友們。這樣做對我挺有幫助，因為每次想拖延時都不敢最終決定，知道拖延所付出的代價是「失去獎勵＋懲罰紅包」，既然付出的代價太大，不如認真完成該做的事。你可以用我的方法去實踐，注意一點：物品是用來激勵自己的，不是越貴越好，在能力範圍內挑選真正適合自己的物品作為獎勵即可，不要本末倒置，畢竟我們的目標是培養做時間管理的好習慣，而不是為了獲得獎勵的物品。

## 4. 讓截止日期變成動力，而不是焦慮

人們在截止日期前感到焦慮，是因為花在這件事的時間不夠多，或者覺得自己沒有足夠的時間做準備。如果你從開始到結束都能根據時間

### 第 8 節　截止日期：幫你戒掉拖延的習慣，提升效率

管理表把學習任務陸續完成，那麼即使截止日期到了也會胸有成竹。

從現在開始，改變壞習慣，對一些簡單的學習任務立刻就做，而不是拖延到最後一刻。把簡單工及時完成，就能留出充足時間給複雜的任務。將此方法搭配便條紙法、碎片時間法一起使用，效果會更好。比如，你昨天少背了 10 個英語單字，那麼今天就在原來背 30 個單字的基礎上把這 10 個單字加進去，而不要拖延到截止日期。因為接近截止日期，很可能會累積很多沒背的單字，導致你背單字完全沒有動力。

越提前完成學習任務就越好，一旦形成提前完成的習慣，截止日期就是件輕鬆的事。比如，本月的學習目標是讀完 6 本經濟學書，你提前半個月就達成了目標，不僅能收穫獎勵，還培養了提前學習的好習慣，信心也會增加。下一次開始新目標時，也會更相信自己。

想像你提前完成學習任務的喜悅，想像你沒有拖延到截止日期的模樣。我時常會在需要完成大的學習目標進行時間管理時使用該方法。想像自己最終完成目標、甚至提前完成目標後被身邊的朋友稱讚，會感到無比喜悅。想像自己把任務拖延到截止日期的前幾天，會焦慮得睡不著，因此不如現在就開始行動，以避免拖延和焦慮，迎接提前完成的時刻也在迎接喜悅。

不要總把時間浪費在「也許會延期」這件事上。有一些大的目標會讓你產生壓力，你總會為自己「延期」做心理暗示。消極的暗示過多，就會影響你的信心，讓你把時間浪費在焦慮這件事上，最終導致你的目標真的延期。

下面是一個真實案例：

我的一位朋友決定考研究所。在第一年，她把大量的時間浪費在了「覺得讀書時間不夠，自己考不上」這件事上。結果，沒有做幾道英語

第 4 章　學習時間規劃：以好規劃提高效率

題就開始胡思亂想，想來想去，大部分時間被她浪費了。在考試前的兩個月，她對我說太後悔了，如果不把時間浪費在焦慮上，說不定早已把各個科目的要點都掌握了。最終，第一年她沒有考上，因為時間不夠充分。第二年再戰，她改變了方式，利用我推薦的「設定多個截止日期」的方法，把每個階段的學習時間都安排好，果然減少了焦慮的時間。考試前，她的信心比上一次增強了許多，因為時間足夠、準備充分，最終她考上了研究所，雖然沒有達到理想的分數，但考上了一個她喜歡的學校。

其實我們在安排學習時間的時候，或多或少都會面臨和她類似的問題，此時與其花時間焦慮擔心，不如把時間用在學習上，認真準備相關的考試。同時，把最壞的結果也想好了：大不了明年再戰。接受最壞的結果，然後做最大的努力，付出足夠多的時間。

時間終究會給你答案。

本章詳細介紹了「學習時間」的高效率利用方法，分享了一些案例和實踐體會。你可以和一位朋友共同使用本章的時間管理法，這樣更容易相互督促，完成學習目標，高效率地利用每一天。

# 第 5 章
# 運動時間：
## 擁有好身體才能更高效

# 第 5 章　運動時間：擁有好身體才能更高效

## 第 1 節
## 做好精力管理，是安排好運動時間的前提

每個人的時間和精力都是有限的，因此需要做好時間管理，把有限的時間和精力用在值得做的事情上。

時間管理包括精力管理，精力管理屬於時間管理中的一個重要部分。你或許有過類似的感受：你在某一天精力充沛時，總是能高效地處理各式各樣的事情；而你在某一天精力不足時，如果不及時從外界補充能量，就會感到沒有精神、效率低下，甚至容易犯錯。即使你有充足的時間，若精力不夠，也無法有效率地度過一天。

我們把時間花費在精力管理上，有了充足的睡眠和良好的飲食，再搭配上體能訓練，就能擁有良好的精神，支撐我們合理分配時間，完成眾多的任務。精力不足時，訓練也是有氣無力的，即使你安排了每天的運動時間，但由於精神欠佳，也達不到好效果。所以做好精力管理是安排運動時間的前提。

精力涉及你的體能、情緒、思維和意志。

本章將詳細講解如何透過管理運動時間來管理你的體能和情緒。

體能不足，工作沒多久就會感到疲倦，無法完成既定目標。

情緒不好，或多或少也會影響我們的身體狀態，一個人在大悲大喜的情況下身體很容易出現應激反應，比如腸胃不舒服、感到頭痛等。在這樣的狀態下，你是無法專注工作和學習的，若長期被壞情緒籠罩，不僅會影響你的學習和工作的效率，甚至會影響你的身體健康。

第 1 節　做好精力管理，是安排好運動時間的前提

　　所以做好精力管理，讓自己保持情緒穩定和體能充足，利用好運動時間，才能擁有好的身體，支持自己實現更多理想。

　　精力充沛一般是指：整個人看起來容光煥發，有精神，做事效率高，情緒穩定，不大悲大喜，能勝任一些高強度的工作。

　　手機和電腦都需要充電，以維持正常運作，更何況是我們的身體呢？我們的身體也要及時「充電」。精力管理就是合理保持身體的能量，你只有身體的能量夠用，才能做好時間管理。

　　那如何給身體及時「充電」，做好精力管理呢？

## 1. 及時補充能量

　　疲倦是身體發出的訊號，提示你應該進行相應的改變和能量補充，從而維持你身體的正常運行。比如，你感到肚子餓了是身體在提醒你該及時攝取能量。如果你沒有吃早餐，那麼學習或工作沒多久便會感到飢餓；長期不吃早餐，你可能會餓得頭暈眼花、身體出問題。所以你應該把每天都按時吃早餐加入當天的時間管理計劃，並嚴格督促自己做好精力管理。

　　吃好三餐是保持精力充沛的一個重要環節。在認真吃早餐的基礎上，你可以在時間管理筆記本的「運動時間」一欄裡增加一項「吃好三餐」任務。保證三餐的營養攝取，能使你擁有一定的體力和能量，為你高效利用時間打下良好基礎。

　　盡量少吃外送，有時間、有條件可以自己做飯吃，實在不方便，也可以吃一些輕飲食來搭配，比如蔬菜沙拉拌雞肉。

## 第 5 章　運動時間：擁有好身體才能更高效

如果你在辦公或者學習途中感到睏倦、想睡覺，不妨為自己準備一杯咖啡或茶，用來提神醒腦，這樣也能讓你擁有一定的精力，繼續工作或學習。但是不建議每天喝咖啡和茶，只在疲倦的時候喝，因為長期喝咖啡、茶，身體會漸漸對它們產生依賴。如果你長期感到疲倦，那麼應該把運動時間安排到每一天，想睡時可以做一些運動，而不是喝咖啡。有一些創業者習慣在每天上午工作前喝一杯咖啡，中午小憩一會或者到健身房運動，下午和晚上繼續工作，用喝咖啡加運動的方式使自己整天都精力充沛。

曾經有段時間我因工作忙碌，每天都點外送吃，以為這樣能夠節省時間，但長期吃外送，我的腸胃覺得不舒服，整個人的精力也不足。外送都是高油鹽的食物，缺少維生素和蛋白質，且大部分外送是用拋棄式塑膠盒打包。我開始調整自己的飲食習慣，在營養師的建議下搭配蔬菜、水果和蛋白質，每天按比例稱重、做飯菜。在時間充足的情況下，我每天會早起做好飯菜帶到公司。如果時間不充足，我會選擇幾頓輕飲食，而不是油鹽多的外送。

我認真吃三餐的一個月後，身體明顯感覺舒服了許多，整個人的精神面貌也好了起來。隨後配合運動時間，我從 2019 年開始用 100 天的時間堅持健身，到如今整個人脫胎換骨。我還用一本「運動時間」的筆記本詳細記錄了 100 天裡的飲食情況、做了哪些運動、喝了多少杯水、睡幾個小時……我特意拍了 100 天前後的對比照片，透過精力管理和安排運動時間，我的生活發生了巨大改變，也能用好時間高效工作和學習。

身邊的朋友看到那個筆記本，見記錄得很詳細，便好奇地問我：「丹妮，妳是如何在忙碌的工作中抽出時間運動的？還能抽空做飯？」

其實，抽時間鍛鍊和好好吃飯並不難做到。沒有時間做早餐，你可

以選擇用麵包和牛奶代替；沒有時間做午餐和晚餐，你可以提前 30 分鐘起床做兩頓非常簡單的飯菜帶到公司。

只有及時為身體補充能量，才能讓我們精力充足，高效做時間管理。身體是革命的本錢。從今天開始，讓我們把精力管理加入「運動時間」板塊。

## 2. 保證每天睡 8 小時

你是否有這樣的體會：以前上學的時候，哪怕是突然要熬夜趕作業、寫論文，第二天依舊能精神飽滿地學習；可是工作後漸漸就變得「無法熬夜」，偶爾加班到深夜，第二天就會無法起床或精神狀態欠佳，導致工作效率低下。

我不提倡你熬夜工作和學習，否則長期下來你的身體會出問題。做好精力管理的一個要點，是保證每天至少睡 8 小時，且盡量每天在 23:00 前睡覺。我們白天工作和學習已經很累，需要及時休息 —— 在睡眠時間裡身體可以獲得自我修復，而把睡眠時間用在工作上屬於透支健康，是不值得的。

我們可以向貓咪學習打盹，把握一切可以利用的時間休息。如果你覺得每天擁有 8 小時的睡眠是一件奢侈的事情，自己每天晚上只能睡 6 個小時，那麼盡量在中午小憩 15～20 分鐘，哪怕趴在桌子上休息，也勝過沒有休息時間。在這一點上，我們可以向貓咪學習，牠總是能夠在任何時候說睡就睡。你也可以在乘坐交通工具時計算好時間，設定一個鬧鐘閉眼休息；到站前幾分鐘鬧鐘會響起，提醒你該下車了，也不會錯過站點。我在出差的路上會把握一切碎片時間休息，比如在高鐵上完成

工作後閉眼休息。再比如，吃完午飯後有 15 分鐘，我會閉上眼睛趴在餐桌上小憩一會，待鬧鐘響起後再去會議室開會。總之，身體得到一定時間的休息，就是在替身體「充電」；即便身體沒有「充電」到滿格，「充電」70％也勝過只有20％的情況。

## 3. 合理面對壓力，紓解情緒

你在面臨巨大壓力時，夜裡會翻來覆去睡不著。情緒低落或高漲的時候，腦海裡總想著一件情，把時間和精力都花在處理情緒上了，會導致你無法專注完成其他事情。所以，做好精力管理的另外一個要點就是保持穩定的情緒，這樣有助於你集中精力把時間花在刀口上。

在某一天情緒平靜時，你會感到當天的工作效率極高。可見，沒有其他的情緒影響，能有效利用時間。

曾經有一段時間我晚上睡不好，導致精力不足，白天的工作效率也不高。由於第一次創業時合夥人沒選對，導致我的情緒很低落，這件事短期內不能處理完，所以一直等事情處理完，我的情緒才平復下來。後來，我去參加全國創業比賽，即使每天早出晚歸，由於精力充足且情緒狀況好，即使在外奔波一天，也不感到疲倦。兩種不同的情緒會造成兩種截然不同的狀態。

我有一位「8 年級生」創業的朋友，是個管理情緒的高手。在工作和生活中，他的情緒都非常穩定，幾乎看不到他發火、焦慮的樣子，身邊的長輩對他的評價都很好。他由於情緒穩定、做事踏實，獲得了許多合作機會。如果他經常發脾氣，對員工隨口大罵，那他的公司可能無法經營下去。他有一個招募原則，只招募情緒穩定的員工。他認為，員工在

第 1 節　做好精力管理，是安排好運動時間的前提

工作的時候情緒穩定，就不會影響工作效率。為什麼呢？如果一個人情緒不穩定，工作期間由於自身問題被老闆說了幾句就哭一小時，甚至需要同事輪流安慰才能平復下來，那麼他不僅會浪費自己的時間和精力，也會浪費同事的時間和精力。

你在感到壓力大、焦慮時，要嘗試控制自己的情緒，成為情緒的主人。

精力足夠，運動也會更有效率。仔細觀察人們在運動前後的不同狀態，你會發現：他們可能在堅持運動的過程中面部表情有些痛苦，但結束後通常都會充滿喜悅，臉上露出笑容。這是因為運動為他們帶來了快樂的情緒。快樂的情緒能感染人。如果是一群人在健身房跟著老師跳舞，結束後即使大汗淋漓，大家也會感到開心。你在不想學習、不想工作的時候，不妨站起來簡單活動一下，替自己的身體「充電 5 分鐘」，這樣你就又可以有一些精力繼續工作或學習了。

你能做好精力管理，就會覺得自己充滿了能量，沒有什麼能干擾你學習或工作。在想睡、疲倦的時候，你可以喝一杯咖啡或者起身走動。在做好精力管理的基礎上，結合每天的定時運動，你的精神狀態就會調整到最佳狀態。做好精力管理是安排運動時間的前提，在安排運動時間前先幫身體「充電」，養精蓄銳後才能蓄勢待發。

第 5 章　運動時間：擁有好身體才能更高效

## 第 2 節
## 合理安排你的「舒適時間」和「恐懼時間」

　　堅持訓練體能是一件不容易的事，你總是覺得時間短暫，加班到很晚，實在沒空去健身房，更不用說跑步、打羽毛球了。

　　學生時代有體育課，老師會帶著你運動；可工作以後沒有人「督促」你運動，只能靠自覺。即使知道訓練體能的好處很多，為什麼你還沒有動力呢？這是因為你觸發了運動的「恐懼時間」。

　　運動時間分為「舒適時間」和「恐懼時間」。

　　想到運動過程中肌肉的疼痛，你容易陷入「恐懼時間」裡，以致不願意花時間運動。比如跑步 5 公里，對於不經常跑步的你，想到花 40 分鐘的時間跑步，內心感到恐懼，這就是運動的「恐懼時間」。但如果你只是從座位上起立，簡單活動肩背 3～5 分鐘後可繼續工作或學習，就會覺得輕鬆愉悅，也願意花時間簡單活動，這就是運動的「舒適時間」。

　　運動的「舒適時間」還包括：你過去已經掌握某一項運動，在短時間內能快速啟動；你只願意花有限的時間做單一的訓練，卻不願意突破自我實現多種組合方式的訓練。比如，你很喜歡打羽毛球，如果朋友約你一起打羽毛球，你便會欣然答應，不用花時間啟動；但如果讓你跑步，這是你不擅長且不喜歡的運動，你會花時間思考：到底今天要不要跑步？

　　如果你一直處於「舒適時間」，你的訓練效果會非常有限，你也不會突破自我。你喜歡打羽毛球，但 30 分鐘是運動的「舒適時間」，超過 30 分鐘就會讓你感到恐懼、無法堅持。甚至在 30 分鐘的羽毛球運動結束

第 2 節 合理安排你的「舒適時間」和「恐懼時間」

後，你不想再跑步 30 分鐘，只想讓自己停留在舒適圈，這會減少許多運動帶來的樂趣體驗。我們在運動時間裡如果想獲得長久的快樂，就必然要經歷短暫的痛苦。

正如運動員在訓練時，不能單一訓練跑步或高抬腿跳，需要在一段時間內做不同的動作，才能達到最佳效果。一個運動員擅長長跑，很有可能也擅長打羽毛球和籃球；踢足球的運動員可能還擅長單槓和雙槓。運動不分家。你開始了第一項運動，待戰勝恐懼後，就有可能開始第二項、第三項運動。你要有一項自己熱愛的、擅長的專項運動，其他的運動可作為輔助項目幫助你達成訓練的目標。長時間重複某項運動會讓你的身體感到疲倦，精力也會消退。你在做某一項運動感到疲倦時不妨休息一下，或者換一項運動。

比如在健身房裡，你很喜歡用肩背器材訓練，但不喜歡用臀腿器材。如果一直處於「舒適時間」，你每次只練習肩背而不練習臀腿，那麼全身的肌肉就無法得到完整的訓練。教練會讓你每週嘗試使用不同的器材，比如今天花時間練習肩背，明天休息一天，後天又花時間練習臀腿，如此反覆下去，全身肌肉才能得到鍛鍊，久而久之才會擁有你所期待的馬甲線和腹肌。你身體各個部位的肌肉得到了充分鍛鍊，同時你也不會因為單調重複地做某一項訓練而感到枯燥。

如何把運動的「舒適時間」和「恐懼時間」結合起來呢？你可以嘗試以下方法。

第一階段：先待在運動的「舒適時間」裡，讓自己獲得鍛鍊身體的愉悅感覺，同時增加訓練時間。比如你喜歡跑步，那麼本週的運動時間可循序漸進跑 2 公里、3 公里和 5 公里，透過增加時間達成跑步的公里數目標，而不是只跑 2 公里就結束。你可以試著在喜歡的運動項目中做一

231

## 第 5 章　運動時間：擁有好身體才能更高效

些自我突破。

第二階段：把運動的「舒適時間」和「恐懼時間」安排在一起，按照 80% 的「舒適時間」和 20% 的「恐懼時間」合理分配。你喜歡跑步卻不喜歡跳繩，可在本週的運動時間裡安排 5 天跑步和 2 天跳繩。跑步的公里數可保持不變，但跳繩的數量要逐漸增加。你也可以同時把跑步公里數和跳繩數量增加，達到時間總體的增加。只有把「恐懼時間」延長，你才能在某項運動中突破自我，獲得新成就。

第三階段：50%「舒適時間」和 50%「恐懼時間」。你已經漸漸適應了這項讓你感到有難度的運動，此時把兩個部分的時間平均分配，可以達到更好的效果。這個道理和運動員們的訓練原理是一樣的。一位運動員即使不喜歡跑步，只喜歡跳遠，他依舊需要安排時間跑步，否則體能會跟不上，無法在跳遠上實現新的突破。

透過這三個步驟，你可以循序漸進地實現訓練目標，將一項自己恐懼的運動變成自己喜歡的運動。

對此，我深有體驗。不喜歡跑步、只喜歡跳健身操的我，每週增加健身操運動，訓練我的體能，一點點地把跑步時間增加，配合喜歡的健身操一起訓練會容易些。在 100 天的運動時間裡，我每天都安排跑步這段「恐懼時間」，漸漸培養跑步習慣。後來，每次啟動跑步對我而言變得越來越簡單，我也在這個過程中收穫了許多快樂。

那麼鍛鍊的「恐懼時間」會不會有一天變成「舒適時間」呢？當然會。比如，你從前不喜歡跑步，這段運動時間就是你的「恐懼時間」，但是隨著你把時間不斷花費在這件事上，漸漸就能夠把跑步這項運動完成得越來越好，每次啟動它都不會感到困難，甚至到後來變得駕輕就熟，那就成功把它由「恐懼時間」變成了「舒適時間」。此時你就可以選擇下

第 2 節　合理安排你的「舒適時間」和「恐懼時間」

一個運動項目，開始新的挑戰。

從 2019 年開始，我每年都會進行一項新的運動。我逐漸從不愛運動、跑 800 公尺都喘氣的狀態，轉變為如今可以一口氣跑完 5 公里的狀態。這幾年我學會了跑步、滑板、Zumba、拳擊，精神發生了巨大的改變。透過長期的持續運動，我的體能得到很大改善，不再像從前那樣看起來軟弱無力。身邊的朋友們看到我的改變都很驚奇，以前是他們督促我鍛鍊身體，現在變成我督促他們了。

如果你也和我一樣，曾是一個怕運動、不願意花時間運動的人，不妨嘗試把運動時間安排好，先做自己擅長的、喜歡的運動，再漸漸增加其他運動方式。

有的讀者可能會對我感到好奇：未來幾年裡你還會繼續學習新的運動項目嗎？又怎麼保持以前的運動項目不荒廢呢？

我當然會繼續花時間學習新的運動項目，在我的願望清單裡還有跳傘、室內攀岩、衝浪、潛水、滑雪等運動，只要時間和精力足夠，我會繼續挑戰自己，每 2～3 年學習一項新的運動。與此同時，保持以前的運動項目不難，如果不需要大場地或者特定場景，你可以在運動時間裡分批複習。但像潛水、衝浪這樣需要特定場景的運動，長期不練習就容易變生疏。在當下，我盡量選擇那些容易學會的運動項目，不容易學會的放在未來。在複習的時候，我會在本週安排滑板，下週安排跑步，再下週安排拳擊等等，在一個月內實現各個運動項目穿插著學習和複習，這樣運動的趣味性也會增加。

鍛鍊身體，不是為了讓自己成為專業的運動員，而是追求健康快樂的人生。建議大家根據自己的實際情況，選擇一項喜歡的運動項目深入學習，搭配其他運動項目即可。

第 5 章　運動時間：擁有好身體才能更高效

# 第 3 節　從「每天運動 10 分鐘」開始

不少人都有這樣的感覺：讀大學的時候大吃大喝、不運動，體型不會有大變化；而工作以後不運動、吃得稍微多一些就變胖，而且很難瘦下來。隨著年齡的增長，身體的新陳代謝減慢，如果不合理飲食和運動，身體很容易堆積脂肪而變胖。如何科學化合理地瘦身呢？

首先，刻意減少食物的攝取是不符合人體運作原理的。身體需要各式各樣的食物以保持精力，如果食物攝取得少、營養不均衡，身體容易出問題。科學化的瘦身方法是透過長期運動，讓身體多餘的脂肪「燃燒」，促進新陳代謝。無論你是否想瘦身，每天保持一定的運動量是很有必要的，這能讓你的身體充滿精力，做好時間管理。

在替企業做時間管理培訓時，有學員曾問我：「徐老師，妳平時工作那麼忙，是怎麼抽時間運動的？我看到妳在講臺上站一天都不覺得累，好羨慕。」

其實我並沒有什麼祕密，如果說真有什麼祕密，那就是我把每天的運動時間安排為「先動 10 分鐘再說」。曾經，我也因為工作忙碌而自動忽略運動時間，甚至把運動時間替換為工作時間，漸漸身體吃不消了。後來透過長期的持續訓練，我的身體狀況才好一些了，所以現在即使讓我站在講臺上一整天，我也有活力。

騰不出時間運動怎麼辦？誰感到痛苦，誰就去改變。

剛開始，我也無法堅持每天運動一個小時，覺得去健身房屬於浪費時間。於是我改變策略，從「每天運動 10 分鐘」開始，並告訴自己，10

分鐘之後不想繼續運動就停止，但是這 10 分鐘必須堅持下去。

為什麼是從 10 分鐘開始呢？運用「最小可執行方案」原理：把你定的大目標列出來，選擇一個最小可執行方案，先完成它，透過時間的點滴累積漸漸可以實現這個大目標。

如果你定的目標是透過運動瘦身 2～3 公斤，初期看不到體重計上的數字變化就很容易放棄。如果你選擇最小可執行方案──每天運動 10 分鐘，相對而言就會容易一些。我們在運動的時候，不要只盯著體重計上的數字變化，而要去看花費的時間長短。

體重在短期內變輕了一點，這可能是因為身體水分流失帶來的數字變化，而不是真正的脂肪「燃燒」了。與其一直盯著體重的變化，不如觀察自己每天的運動時間是否足夠，是否能看到體型的變化。

這 10 分鐘該怎麼運動呢？可以選擇跳繩、跳舞或者跟著手機裡的運動 App 活動。比如每週不同的 10 分鐘可以這樣安排，週一跳繩、週二 Zumba、週三健身操、週四瑜伽……

有人會問：「每天只運動 10 分鐘，真的會改變身材嗎？」

當然會，只要你開始運動並堅持下去，就比那些不運動的人強。你也可以透過制定運動計畫，拍運動前後的對比照片，觀察自己的身材是否發生變化。比如透過持續運動 50 天和 100 天時的拍照對比，你會發現自己的身材有變化。

如果你在最初執行運動計畫的時候感到困難，不妨先跟著線上課程或是健身房教練運動。在執行「每天運動 10 分鐘」這個訓練計畫時，我選擇了線上的「100 天塑身課程」。這是一個打卡折學費的課程，只要堅持 100 天並上傳自己運動的照片打卡，證明自己確實每天都在運動，100 天結束後可退回學費。我抱著試一試的態度每天安排 10 分鐘時間運動，

## 第 5 章　運動時間：擁有好身體才能更高效

也想看看自己能否堅持到最後，即使不能堅持下去，花點學費買一個健身課程也是不錯的選擇。

專業的健身教練每天都會安排不同的訓練，每天運動 10 分鐘，結束後即可休息。我不用擔心動作的難度，因為都是很基礎的動作，且不容易產生運動傷害，中間幾天也會穿插一些健身舞蹈，讓我感到訓練的過程並不枯燥。最終，我挑戰成功，不僅賺回了學費，還收穫了好身材。

我以 10 天為一個週期，在 100 天內拍了 10 張照片，透過第 1 張和最後 1 張照片做對比發現：腰圍明顯瘦了一圈，整個人的精神發生了巨大改變。從一開始的不相信每天 10 分鐘的有氧運動能使自己變瘦，到最後自己不僅瘦了還變得有肌肉、有力量，這就是每天堅持運動帶給我的驚喜。

其他學員也貼出了自己 100 天前後的對比照，紛紛感慨「把時間花在運動上，真的有效果」。

你不必特意報名參加類似的課程學習，可以根據自己的實際情況合理安排訓練內容。即使工作和學習再忙，每天都應該安排 10 分鐘的運動時間。

每天安排 10 分鐘運動並堅持一段時間後，你可以在原來的基礎上再延長一些時間。我現在要求自己每天的運動時間累計起來至少 30 分鐘，有時候能達到 1 小時。

我是這樣做的：

利用番茄工作法，工作 50 分鐘，起身運動 5 分鐘。這 5 分鐘我會在辦公桌前的小空間開始肩背活動。一些運動 App 裡也有適合 5 分鐘辦公室放鬆的影片，不需要跑或跳，原地站立活動即可完成。每天的碎片時間活動只要累計超過 30 分鐘，就可避免因久坐產生的頸椎和腰椎不適感。

## 第 3 節　從「每天運動 10 分鐘」開始

安排 10～20 分鐘的專注時間用於運動。比如中午小憩後，設定一個 10 分鐘的鬧鐘開始有氧訓練。晚上加班的時候，飯前再設定一個 10 分鐘的運動，結束後即可精神飽滿地繼續加班。

如果加上碎片時間，當天累計共有 50～60 分鐘的運動時長。透過每天訓練，不僅避免了久坐帶來的不適感，也讓身體和大腦得到放鬆，勞逸結合。

在此基礎上，我每週安排時間做器材訓練和跑步訓練。每週至少 3 次，每次 20～30 分鐘，按照最少運動時間計算，我每週安排的運動時間至少有 20×7+20×3=200 分鐘（實際時間更多）。

以下是我的運動時間安排：

週一：10 分鐘健身操 +5 分鐘 ×4 個碎片時間肩頸放鬆。

週二：10 分鐘舞蹈 +10 分鐘跳繩。

週三：10 分鐘舞蹈 +20 分鐘慢跑（2～3 公里）。

週四：10 分鐘跳繩 +20 分鐘重量訓練。

週五：10 分鐘健身操 +5 分鐘 ×4 個碎片時間肩頸放鬆。

週六：30 分鐘戶外跑、快走，或 30 分鐘重量訓練。

週日：10 分鐘健身操 +10 分鐘有氧拳擊 +10 分鐘肩頸放鬆。

盡量讓每天的運動時間都超過 10 分鐘，不同的運動項目搭配進行。

我把運動時間分解成一個又一個 10 分鐘後，鍛鍊這件事就變得更容易執行，且充滿了樂趣。我把這個方法與身邊的朋友分享，受我的影響他們也開始了各自的運動計畫，幾個月後他們也感受到了身體發生的變化。從此大家相互督促，每天都會安排至少 10 分鐘的時間做一些簡單的運動。

## 第 5 章　運動時間：擁有好身體才能更高效

一些許久不見的朋友見到我時不禁感慨，誇我整個人看起來和過去不同了，不僅瘦了，準確地說是變得更有精神了。

要追求有力量的美，而不是看起來很瘦的美。瘦並不是一件好事，不要刻意為了追求瘦身效果而本末倒置。鍛鍊身體，是為了讓你生活得更好，其次才是擁有好身材。

我現在每天依然在堅持至少鍛鍊 10 分鐘，哪怕不想跳舞、不想跳繩，也會跟著影片練習 10 分鐘的「氣功」，避免久坐。我每週會跑步 2～3 次，每次至少 2 公里。不要把鍛鍊身體當作一項很難完成的任務，要把它培養成一個習慣，就像每天都要刷牙洗臉一樣。

健身對我而言，是一件很快樂的事。我的下一個健身目標是擁有馬甲線。希望你透過每天安排 10 分鐘運動時間，漸漸享受到運動帶來的快樂。

## 第 4 節
## 3A 法則，助你執行每天的運動時間

學會了前面的方法，或許你還是會覺得執行運動時間有些難度。其實有這樣的感受是很正常的，人性裡面天生就有懶惰的成分，要克服懶惰、戰勝拖延需要方法。

接下來的鍛鍊「3A 法則」，能助你執行每天的運動時間，完成計畫。

鍛鍊的「3A 法則」是：接受 (accept)、優勢 (advantage)、行動 (action)。

### 1. 接受

接受，即接受你的身材現狀，接受你每天都要安排時間進行訓練這件事，不要逃避和焦慮。每個人或多或少都會有身材焦慮，即使是身材很好的人，也會在照鏡子的時候覺得自己的身材比例不夠完美。但是如果過多為自己的身材焦慮和擔心，就遠離了我們安排運動時間的初衷。

接受自己身材的不完美，不要刻意為了追求完美身材而焦慮，胖一點或者瘦一點都沒關係。

你如果每天只是想著要鍛鍊身體，卻不安排時間執行，即使運動時間安排得再完美也無濟於事。在不想運動的時候，你要問自己：打算一直處於亞健康的狀態，還是嘗試改變，使自己擁有美好的身材和健康的身體狀態？仔細思考後，你會更願意鍛鍊身體。

## 第 5 章　運動時間：擁有好身體才能更高效

接受自己每天安排運動時間這件事，從換上運動服服開始。讓你立刻開始運動可能不容易，但是讓你換一身運動服服相對簡單一些。哪怕你換了衣服後不運動，也可以對自己進行心理暗示：晚點再運動也行。不要脫掉這身運動裝備。這和我們穿著睡衣在家辦公的狀態一樣，睡衣總讓你覺得自己處於居家的狀態，不容易進入辦公狀態。當你換上一身西裝、套裝，收拾好時，即使居家辦公，也會感受到像在辦公室一樣。當你覺得不容易安排運動時間時，不妨換上運動服服、穿上跑鞋改變自己的狀態，讓自己處於一個更容易接受運動的狀態中。

當你換上運動服、跑鞋後，可以讓自己接受的改變再多一些 —— 執行 1 分鐘熱身運動，告訴自己先簡單熱身 1 分鐘，活動一下身體。熱身準備結束後，你會產生愉悅感 —— 原來運動比想像中要容易一些，並不需要安排太久的時間。

我每次不想運動時就會這樣做，即使換上跑鞋不想跑步了，也會下樓走幾圈。我不斷告訴自己，既然已經花時間換衣服了，不妨再花幾分鐘時間在院子裡走動走動。你定的目標是跑步 2 公里，但最終只是走了 2 公里。即便如此，也勝過一直宅在家裡，躺在沙發上打遊戲。

我在家裡寫作的時候也會穿插運動時間：午飯後下樓走 15 ～ 20 分鐘，在呼吸新鮮空氣的同時也進行了活動。

## 2. 優勢

分析自己在不同的運動項目中的優勢有哪些，保持自己的優勢，能為自己增強信心。每個人在不同的運動項目中都有優勢和劣勢，而且需要透過實踐發現自己擅長的運動項目。保持自己的優勢，不斷付出時

間，你會獲得更多自信，對執行運動項目也有很大的幫助。

你要找到自己的運動項目，不斷花時間將其培養為你的興趣，為自己增強信心。2021 年我開始嘗試健身舞蹈。此前我一直認為自己不喜歡也不擅長跳舞，每次跳舞都覺得手腳不協調，跳出來的動作很僵硬。這也導致我一直都不敢嘗試學任何類型的舞蹈。

直到有一次在健身房參加團體課程時，一位 Zumba 老師帶著我跳 Zumba，我才發現自己原來也是喜歡跳舞且能跳好的。健身舞蹈帶給我許多信心，也漸漸成為我執行運動時間的一個理由。每當我想偷懶時，就會用 Zumba 舞開始運動，跳舞 10 分鐘再進行其他運動，通常都能堅持 30 分鐘以上。

發現自己的優勢項目，能讓你更快進入運動狀態。

## 3. 行動

接受現狀並分析自己的運動優勢後，就要不斷調整，如果在嘗試了一些運動方式後，發現有的不適合自己，那就重新選擇。接受自己擅長和不擅長的項目，把運動優勢發揮到極致。比如跳遠這項運動，我在嘗試多次後發現自己並不擅長，與其糾結要不要繼續，不如嘗試換個新的運動項目。於是，我嘗試跑步。當我開始跑步後，整個人變得有精神；再加上 Zumba 舞蹈，每天安排兩項運動。如果某天工作實在太忙導致我沒有時間運動，我會覺得整個人都不舒服，似乎缺少了什麼；第二天把缺失的運動時間補上了，我又會覺得很開心。

如何透過時間長短判斷自己是否真的擅長某項運動呢？通常，培養一個運動習慣後，再去增加另外一個運動習慣，把這段時間內運動的時

## 第 5 章　運動時間：擁有好身體才能更高效

長累計起來，知道自己在不同的運動項目上大概花了多少小時，再判斷自己是否擅長。

例如，我發現自己不擅長跳遠，更適合跑步，因為每次花 5 分鐘的時間練習跳遠會感到累。跳遠運動靠的是腹部和腿部力量。但跑步 5 分鐘，我就不會感到累，覺得跑 5 分鐘是一件容易的事情。等我全身肌肉訓練到一定程度後再跳遠或許會更好。所以適當更換運動項目是一件好事，應該把時間花在更適合自己的項目上。

運動時間的長短可作為評估某項運動是否真正適合自己、自己是否擅長的一個指標。

還有另外一種情況。你自己很喜歡某項運動，即使在既定時間內完成，你還是願意多花一些時間繼續進行此項運動，代表你比較擅長這項運動。比如，我覺得自己擅長跳健身舞，因為每次花 30 分鐘跳完幾支後，還想繼續跳下去，甚至跳一個小時也不會感到累。透過觀察自己願意進行這項運動的時間長短，可判斷自己是否擅長它。你越願意花費時間在某個項目上，就越有可能把它變成自己擅長的項目。

如果你平時每週都有跑步的習慣，在保證安全的前提下，可以增加幾項你不敢挑戰的運動項目。每一年都給自己定個新目標，走出舒適圈後你會發現運動能給你帶來更多成就感。

「3A 法則」可以幫助你好好地執行運動時間，讓運動變成生活中一件容易執行的小事。不要和別人比，而要和過去的自己比，只要自己透過運動取得了進步，就是好事。

## 第 5 節
## 把運動時間和金錢做等價交換，每次訓練就是在賺錢

上學讀書的時候，你用時間換取知識；畢業工作後，你用知識和時間換取金錢回報（收入、薪資），有穩定收入，能獨立生活得更好。

如果你把運動時間也和金錢做等價交換，就會發現：自己每一次花時間運動，都是在為自己賺錢。

怎麼換算呢？

比如你大學剛畢業月薪是 25,000 元，每週工作 5 天，每天工作 8 小時，週末休假，假設週末不加班或者沒有加班費，每月工作 20 天。那麼你一個月的工作時間是 160 小時，你平均每個小時的工作收入是 156.25 元。

這 156.25 元，就是你每小時的「時間成本」。

如果你每週能用 3 小時進行運動，那麼你的時間成本是 156.25×3=468.75（元）。如果不花 3 小時運動，而是把時間花在玩遊戲上，你就損失了 3 個小時的時間成本，間接損失了 468.75 元，甚至需要花更多錢購買遊戲裝備。

讓我們再算另外一筆帳：你每月收入的 25,000 元裡有 5,000 元用於租房，每天需要花 2 小時通勤；但如果用 10,000 元租房，步行 15 分鐘到公司，每天通勤時間來回 30 分鐘。你是否願意每個月多花 5,000 元的房租，從路程遠的地方搬到距離公司近的地方呢？

## 第 5 章　運動時間：擁有好身體才能更高效

看似做金錢的選擇，其實背後是做時間花費的選擇。

我們再詳細計算一下。

如果你選擇花 5,000 元租房，每天用 2 小時通勤，每小時的時間成本是 156.25 元，2×156.25×20=6,250（元）。再加上 5,000 元的房租，其實每個月花了 11,250 元。

如果你選擇花 10,000 元租房，步行 15 分鐘到公司，每天通勤時間來回 30 分鐘，你一個月的時間成本是 0.5×156.25×20=1,562.5（元），房租需要 10,000 元，加起來是 11,562.5 元。

11,562.5-11,250=312.5（元），你每個月實際節約的時間成本只是 312.5 元，卻浪費了大量的時間在通勤上。選擇在公司附近租房，每天還能多出 1.5 小時的自由安排時間（通勤 2 小時減去通勤 30 分鐘），何樂而不為呢？

通勤時間越長越容易感到疲倦。每天通勤 2 小時和每天通勤 30 分鐘，長期持續下來，整個人的狀態都會不一樣。況且走路的 30 分鐘就是運動時間，甚至可以跑步上下班，早上也可以多睡一會。為自己充電，就是間接在為自己賺錢。節省出來的通勤時間即使不用來運動，你也可以把它們充當自我提升時間、工作時間或者學習時間，都能在有限的時間裡創造更多的價值（學會新知識、提升工作技能），幫助你在未來賺更多錢。

再打個比方。假如你很喜歡的一部手機值 40,000 元，可是只使用了一年。一年的工作日大概是 250 天，相當於你每天為這部手機花費 160 元。你每小時的時間成本是 156.25 元，所以你每天為了這部手機需要多工作 1 小時。你是否願意花時間進行等價交換？

當你學會計算時間的價值後，就會做出更理智的選擇。用同樣的方

## 第 5 節　把運動時間和金錢做等價交換，每次訓練就是在賺錢

法計算是否願意花時間運動，相信你會更容易啟動運動時間。

以上這些分析是為了幫助你懂得計算自己的時間成本，使你在做決策的時候變得更理性，而不是跟著自己的感覺走；也使你更好地評估一件事情是否值得做，某些物品是否值得你付出。

每天擁有累計一個小時的自由安排時間，你如果願意把它花在鍛鍊身體上，長期持續下去就會擁有好的身材，體能也得到了提升。此時你的時間成本等價交換，間接等於在為自己賺錢。如果長期不運動，隨著年齡的增長，身材漸漸走樣，以前合身的衣服已不適合自己，你需要花更多錢購買一些新的衣服，無形中為了這筆開銷，你需要花費更多時間賺錢。原本這些時間可以花在鍛鍊身體上，使你擁有較好的身材和體能；這筆用來購買衣服的錢，還可以花在自我提升上，讓你能透過學習知識賺到更多的錢。

這還不算花時間運動帶來的其他好處，比如：讓你精神更好，擁有幾項新的運動興趣，結交新朋友……仔細計算後，你就會體會到每天安排運動時間能讓你受益匪淺。

如果你在某項運動上保持一定的水準，那麼完成這項運動對你來說會漸漸變得容易，說不定還能替你帶來透過副業賺錢的機會。比如，在健身房裡教我跳 Zumba 舞的老師就是一位兼職教練。她的主業工作能為她帶來一筆穩定的收入，業餘時間在健身房教課也能增加一筆副業收入。用運動時間賺錢，一舉兩得，副業賺錢和鍛鍊身體一起完成。她長期練習 Zumba 舞，漸漸取得了一定的成績，大家也認可她的舞蹈教學，因此她的課程很受學員喜歡。漸漸地，她在不同的健身房開展 Zumba 舞蹈教學，逐漸使副業收入超過主業收入。每天把運動時間和工作時間相結合，可同時翻倍賺錢。

## 第 5 章　運動時間：擁有好身體才能更高效

發現時間的價值，透過與金錢等價交換，你更容易在做決策時保持理智。

在工作壓力很大的情況下，更要安排運動時間給自己排解壓力。在運動的時候，你的身體能分泌多巴胺。多巴胺能讓你產生快樂的感覺，這也是為什麼每次運動結束後總會感覺心情愉悅。所以在每天的時間管理表中，建議你至少安排 10 分鐘的運動時間，讓自己或多或少產生一些快樂的多巴胺。

下面換一種方式計算你的時間，看看是否值得每天都安排運動時間。

一天 24 小時，除去睡覺的 8 個小時和工作的 8 個小時（不算加班），通勤和吃飯累計至少 2～3 個小時，每天留給你的可自由支配的時間最多 5 個小時左右，減去學習、加班、自我提升時間，留給運動的時間寥寥無幾。如果你在剩下的可自由支配的幾小時裡再不安排運動時間，長期高強度、高壓力的工作會使你的身體吃不消的。

「騰不出時間運動，遲早得騰出時間去醫院。」

這句話我經常對自己說，特別是在不想運動的時候。我常常這樣想，每次運動都願意再多花時間，以保持良好的狀態。你無法避免生病，但有時間、有條件運動時，多花時間投資自己的身體健康總沒錯。

有段時間我經常伏案工作。有一個專案很重要，我總想抓緊時間完成它，就把運動時間安排給了工作，想著完成工作後再好好安排時間運動。結果還沒等這個專案完成，我的身體就吃不消了。長期伏案工作使我的頸椎和肩膀感到越來越痛，眼睛因長時間面對電腦感到乾澀。我不得不暫停手中的工作，去醫院做肩頸放鬆治療，直到它恢復正常為止。

## 第 5 節　把運動時間和金錢做等價交換，每次訓練就是在賺錢

現在想想，當初的時間安排不夠理智，應認真計算，把時間花在運動上，才是讓我擁有更多工作時間的基礎。如果那時明白這個道理，懂得把時間與金錢等價交換，就不會把運動時間替換為工作時間。工作永遠做不完，但健康是自己的，失去了就不再擁有。

健康是數字「1」，金錢、美貌、房子、車子等是數字「0」，沒有前面的數字「1」支撐，即使擁有再多的「0」也無濟於事。

如今你每天都願意花一點時間用於運動，就能「賺」到一個較好的身體、擁有良好的精神，這些都是拿金錢無法買到的。

如果你每天願意用至少 10 分鐘的時間運動，堅持一個月後精神狀態就會更好。每天 10 分鐘、一個月 30 天，運動時間就是 300 分鐘（5 個小時），和過去不愛運動的自己相比，運動時間已經增加許多。

不同的選擇意味著獲得不同的時間價值，做好時間的等價交換，做自己時間的主人。

從今天開始，認真計算你做一件事情的時間成本，你就能做出更理智的選擇，也會更明白做對選擇會有哪些更好的機遇。

生命在於運動。願你擁有更多運動時間，擁有健康的身體。

第 5 章　運動時間：擁有好身體才能更高效

# 第 6 節
# 運動時間與工作時間、學習時間的疊加使用

每天的工作結束後，留給自己自由安排的時間已經很少了，如何把運動時間、工作時間和學習時間疊加使用呢？

時間越少，越應該疊加使用，以提升做事的效率。本節學習如何把時間疊加使用，助你每一天都能平衡好工作時間、學習時間和運動時間。

## 1. 運動時間疊加學習時間

無論你是學生還是上班族，都可把這兩個時間在每一天中疊加使用，把 1 小時變成「2 小時」。

把每天的運動時間和學習時間安排在同一個固定時段，此時的學習內容不宜太難，可用這段時間學簡單知識或複習所學知識。

比如，作為上班族的你，住所距公司 5 公里，每天 9:00 到公司，可把原來開車上班的方式變為騎腳踏車上班。騎車路上，把耳機調整到適度音量，可以聽英語、新聞等，同時利用運動時間和學習時間，又可以避免早上尖峰時段塞車的影響。

不改變通勤的交通工具也沒關係，你可以利用下班後的時間把運動時間疊加學習時間使用。例如，每天晚上加班，安排 10～20 分鐘的時間開啟手機健身 App 鍛鍊，同時用藍牙音響播放一段你感興趣的內容，

## 第6節　運動時間與工作時間、學習時間的疊加使用

一邊聽一邊運動也能疊加使用兩種時間。

為了避免聲音相互干擾，影響收聽效果，你可以這樣做：

首先，把健身影片裡的背景音樂的音量調小，把聽力的音量調大，分出主次。其次，你選擇的學習內容不宜太難，不要影響運動，比如聽一本簡單的書、一段今日新聞、一段能聽懂的外語聽力，這些都比較容易。聽的過程也是在不斷替自己「磨耳朵」，在運動時間多次重複聽這些內容能漸漸把它們記住。

我在家健身時，會鋪上瑜伽墊，跟著手機影片一起練習瑜伽，同時用藍牙音響播放英語聽力「磨耳朵」，如果聽力結束了，就播放今日新聞。在有限的30分鐘裡，我把原本需要30+30=60分鐘完成的兩件事情，疊加在同一個時段內使用，實現了30分鐘變1小時的效果。

當然，並不是所有的時間都可以疊加使用，我們要有選擇、有區別地使用不同的時間。

如果你早上安排了運動時間，可以搭配輕鬆的內容學習，運動結束後更能讓你活力滿滿地開啟新一天的工作和生活。如果你晚上安排運動時間，可以搭配讓自己放鬆的內容學習，這樣可達到運動時間疊加學習時間的效果，同時讓自己身心愉悅。

若你是學生，可利用每週體育活動的30分鐘時間，戴上耳機一邊跑一邊聽英語聽力、英文歌等，進行運動時間和學習時間的疊加，這樣既可抓緊時間鍛鍊身體，也可以達到複習英語的效果，把30分鐘變成60分鐘。注意調整耳機的音量大小，不要讓耳朵受不了。

如今我在跑步時也會聽新聞、外語聽力，不僅達成了運動時間和學習時間的疊加，也能及時獲得新的資訊。身邊一些朋友好奇我如何在工作忙碌的情況下還能學新知識，背後的祕密就是學會將時間疊加使用。

第 5 章　運動時間：擁有好身體才能更高效

## 2. 運動時間疊加工作時間

工作的時候不是需要專心致志嗎？怎麼能一邊運動一邊工作呢？實際上，一些工作需要我們專注，也有一些工作時間可以疊加在運動時間裡。

哪些工作時間可以疊加運動時間呢？

在外出差的工作時間、回客戶電話的時間、坐在椅子上休息 50 秒的時間……這些能讓你短暫起身活動的時間，都可以在工作時間裡疊加使用。

（1）在外出差的工作時間。在外出差的工作時間比在辦公室內更好安排時間運動，因為在路上的碎片時間可用於運動，如出差在飛機上、高鐵上和在室外等場景。我們可以在工作間隙做一些簡單的活動，以達到運動的目的。你可以在候機、候車的時候，起身做幾組肩背或全身運動；也可以在乘坐長途高鐵的時候在車廂裡輕聲來回走動，做幾組肩頸放鬆運動；也可以在完成工作後的 5 分鐘裡做一組深蹲動作……總之，你可以根據自己的喜好，在不同場景下安排不同的運動項目，注意控制好時間即可。

你也可以在回到酒店休息時，在房間裡做一組放鬆運動後再工作。我每次出差的時候都會用出差的碎片時間運動，比如在房間裡做 5 分鐘肩背訓練，或在酒店旁的公園跑步 2 公里。只要有適合運動的環境出現，我就可以隨時隨地鍛鍊身體。出差很辛苦，需要耗費大量的體力，身體更容易感到疲倦，而運動有助於緩解疲倦。

出差的時間安排相對靈活，可把運動時間和工作時間疊加使用。

（2）回客戶電話的時間。回客戶電話時你可以戴上耳機，把手機放入衣服口袋裡，這樣做能把雙手空出來做一些簡單的肩背鍛鍊。回覆完電

## 第 6 節　運動時間與工作時間、學習時間的疊加使用

話後，可以起身去公共空間，花 3 分鐘時間做一些繞肩、靈活肩頸的動作。回電話這項工作可以讓你起身走動，讓身體得到放鬆，避免久坐帶來的不適感。這也是把運動時間和工作時間相疊加的一個方法。

你可以在與客戶通話結束後，留出 30～60 秒做一組簡單的體操或者類似動作，讓自己的身體短暫放鬆，再進入下一項工作任務。

(3) 坐在座位上休息 30 秒。你雖然不能離開座位，但至少可以原地活動肩頸和腿腳，30 秒結束後再工作。你不要覺得不好意思或擔心其他同事用異樣的眼光看你，這樣能使自己的身體得到短暫放鬆。30 秒的時間不會影響你完成工作。不要大幅度運動，以免影響其他同事。如果你可以離開座位幾分鐘，建議起來走動一下，面對電腦久坐會傷害你的身體。

以上都是運動時間疊加工作時間的方法。

我們的工作時間裡能用來活動的時間很短暫，不適合做大量運動，且運動後大腦易處於興奮狀態，會使你無法快速靜下心來工作。

一些公司鼓勵員工自己安排每天工作期間的運動時間，還在公司裡設定了健身區域供大家使用，裡面擺放著一些健身器材、跑步機和滑步機，員工可以在彈性工作時間內，自由安排時間使用。這類公司大多是網路科技公司，因為員工經常加班，公司為員工提供健身服務，也鼓勵員工學會平衡工作時間和生活時間。這些公司大多推行彈性工作制度，員工可以自由安排工作時間，但要保證完成當天的任務。

如果公司不具備這樣的條件，可以在公司附近的健身房健身。健身時間可以安排在中午，休息 15 分鐘後去健身房運動 30 分鐘，以確保下午有好的精神狀態。

工作時間疊加運動時間不是要求你暫停手中的工作，而是要學會巧

## 第 5 章　運動時間：擁有好身體才能更高效

妙利用一些時間和方法，在有限的時間最大化地做一些簡單運動，讓身心得到放鬆，使工作效率更高。

我工作特別忙時，如果一天中無法抽出完整的 30 分鐘用於運動，我會選擇帶電腦去健身房工作，利用時間管理的番茄工作法，工作 1 小時後起身運動 10 分鐘，又繼續工作 1 小時，用該方法達成工作時間和運動時間的疊加。身為新創公司的創辦人，我使用運動時間疊加工作時間的方法，能確保每天在完成工作任務的同時也活動了身體。如果我某一天不運動，一直坐著工作，第二天肩膀和頸椎就會感到不適，正是因為把運動時間和工作時間疊加使用，才確保我在高強度工作中擁有足夠的精力。

我也期待未來在自己的公司裡有一片健身區域，帶著團隊的成員一起認真做時間管理，好好工作，好好鍛鍊身體。

希望你可以根據自己的實際情況，把工作時間、學習時間與運動時間疊加使用，合理安排時間，把 30 分鐘變成 60 分鐘。從今天開始，不要再說「自己工作太忙，沒有時間運動」之類的話了，時間就像海綿裡的水，擠一擠終究還是有的，實在擠不出來，也可以疊加使用。

工作、學習和鍛鍊身體可以兼而有之，嘗試把時間疊加使用後，你會打開時間管理的一扇新窗，看到不一樣的風景。

# 第 7 節
## 張弛有度，運動時間搭配飲食和睡眠

你把鍛鍊身體變成每天的一個習慣後，就可以對運動時間再升級，增加難度。這次升級你要張弛有度，在運動時間裡不僅要運動，還要管理自己的飲食和睡眠，進行全面管理。就像電腦軟體一樣，定期更新效能才會越來越好。

科學化鍛鍊身體＝飲食＋運動＋睡眠＋養生。如果都能做到，堅持下去，它們會給你越來越多的正向回饋。

### 1. 飲食

我一直堅持運動，希望自己身體健康。我健身一段時間後開始調理飲食，每天在運動的同時也做飲食結構調整。

什麼才是真正的愛自己？是像廣告裡說的那樣，對自己好一點，買貴的護膚品，還是去高級餐廳吃飯、打卡、拍照？愛自己的方式很多：你可以化妝打扮自己，也可以在能力範圍內買自己喜歡的物品。但真正愛自己是從飲食開始的，當你的食物精良且有營養，加上每天運動和保持規律作息，你會發現自己的身體正在漸漸變好。健身、閱讀和學習，不斷充實自己的生活。

我做過一個實驗：用 100 天的時間，每天健身，搭配調整飲食。實驗結束後，有非常好的效果。和過去比較，我不僅身體變得有力量，飲

## 第 5 章　運動時間：擁有好身體才能更高效

食結構也變得合理。在健身的那 100 天的時間裡，我還學習了科學化飲食，掌握了健康的生活方式。

我一直想學營養均衡搭配的知識，但由於沒有制定詳細計畫，在忙碌的生活中，這件事漸漸被我遺忘了。有一次，我看到「運動＋飲食 100 天」的課程，很感興趣，便開始每天學習科學化的飲食知識，從挑選肉類、雞蛋、全麥麵包到如何花 5～10 分鐘做一頓可口的簡餐等，輕鬆又有趣。

有人覺得自己做飯太浪費時間。我曾經也這樣認為，從洗菜、切菜到炒菜，吃飯，再到收拾碗筷，至少得花 2 小時，而吃外送只需 20 分鐘。

學習了製作簡餐後，我才發現自己做一頓可口飯菜不用很久。每天花 15～20 分鐘洗菜和蒸煮，澆上番茄醬、沙拉醬或胡椒粉，搭配起司、奶油、橄欖油等，做一頓可口的簡餐，只用 30 分鐘即可新鮮出爐。不必花太多時間製作營養的簡餐，讓我漸漸愛上了下廚房做飯的感覺。我也喜歡去菜市場或超市，採購一些新鮮的蔬菜水果製作兩餐，如果時間充足，我還會做水果沙拉。平時如果工作忙，我就用手機透過網路買菜，這樣也可以節省時間，下班回家後即可做飯。

在 100 天裡每天堅持運動還算容易，每天做簡餐卻比較難。我也有過不想做飯想吃外送的念頭，但每當我想放棄時都告訴自己，做不同的美食犒勞自己，這樣的生活更好。

工作後要學會照顧好自己的胃，每天早起 30 分鐘即可做好午餐帶去公司。如果不想早起，可以在前一天晚上把第二天的午餐做好，放入冰箱保鮮，第二天再帶去公司，中午時用微波爐加熱即可。

平時我蒸煮食物居多，步驟如下：花 5 分鐘清洗乾淨蔬菜後，把食

材放入容器裡蒸或煮，15～20 分鐘後關閉電源。在這 15～20 分鐘裡，我一邊盥洗一邊聽新聞，有效利用碎片時間，盥洗好後食物也製作完成了。

關於營養搭配有兩個簡單好記的法則——彩虹飲食和金字塔飲食。

彩虹飲食是：在挑選食材時，盡量把各種顏色的蔬菜搭配在一起吃，就可以把人體需補充的維生素都涵蓋其中。不同顏色的蔬菜所含的營養成分不一樣，適當攝取多種顏色的蔬菜，就等於攝取不同的維生素，能讓身體保持營養均衡。

可選擇常見蔬菜，如番茄、黃瓜、玉米、馬鈴薯、白菜、茄子、胡蘿蔔、地瓜等，搭配時令蔬菜即可。

每次做飯時盡量把不同顏色的蔬菜放在一起烹飪，這樣不但營養充足，而且色香味俱全。多種顏色的食物從視覺和味覺上都能給你很好的感受，每次使用不同的食材也會讓你產生新的烹飪靈感。

金字塔飲食是：蔬菜、水果和肉類的攝取量依次遞減，就像金字塔一樣，越往上攝取得就越少。簡單理解就是，每天多吃蔬菜和水果，適當吃肉即可。許多人喜歡吃大魚大肉，卻很少吃蔬菜和水果，長期下來會導致營養不均衡，身體會出現一些問題。這是因為蔬菜裡面有很多人體需要的各種維生素；如果只攝取蔬菜、水果，卻不攝取肉類，身體也會發出訊號，告訴你要注意補充營養。

如果你沒有時間做飯，可以買一臺調理機，試著每天花 5 分鐘做一杯蔬菜水果混合果汁，以補充營養和維生素。我制定了一個「21 天喝鮮榨蔬果汁」的計畫，每天做好蔬果汁後帶到公司，午飯後喝一杯，養顏又提神。

## 2. 運動

關於運動項目、運動時間的安排，前面的小節中已詳細分享過，在此不再贅述。

注意以下幾點：

A. 不要過度運動，在自己能力範圍內達成目標即可。

B. 每天至少有 10 分鐘的運動時間。

C. 運動後及時補充水分和能量，避免空腹運動，飯後 30 分鐘再運動。

D. 運動前記得做熱身活動，運動後記著伸展放鬆。

E. 遇到專業問題，建議請教體育老師或健身教練。

## 3. 睡眠

睡眠品質會影響第二天整個人的精神狀態。

每天的時間管理計畫中可加入睡眠時間，每天要確保睡滿 7～8 小時。人在睡眠不足時容易感到疲倦或注意力不集中，會直接影響工作狀態和學習效率。

長期睡眠不足，會影響新陳代謝。你要跟隨身體的訊號適當調整計畫，當身體很疲倦想休息時就不要運動了，否則容易適得其反。

我自己有段時間工作太忙，每天早起晚睡，連 6 小時的睡眠時間也無法達到。在那段時間我經常感到大腦不夠用，原本很簡單的問題，我需要想好久才能想通；其間也不想運動，整個人很疲倦。一位朋友提醒我要好好睡覺，不要讓工作完全占據生活。我聽從對方的意見開始「補睡眠」，幾天後，昔日那個充滿活力的我又回來了。

第 7 節　張弛有度，運動時間搭配飲食和睡眠

我的睡眠心得體會如下：

(1) 盡量擁有深度睡眠。睡眠可分為淺層睡眠和深度睡眠。處於淺層睡眠時，只要有一點動靜，你就會驚醒，也會感到入睡困難。處於深度睡眠狀態時，你的大腦開始放鬆，你會覺得睡得很香，甚至會有美夢。在深度睡眠狀態下，大腦會關閉一些感官訊號，你暫時感受不到周圍發生了什麼，直到第二天被喚醒。若長期處於淺層睡眠狀態，你的精神就會受影響，會看起來面色憔悴。長期擁有深度睡眠，你不僅精神飽滿，還能保持良好的工作狀態。

要想獲得深度睡眠，可以在睡前花 10 分鐘進行簡單活動，讓自己處於放鬆的入睡狀態。首先，讓手機遠離你的枕頭，在睡覺前看手機很容易讓你的大腦一直處於興奮狀態，即使放下手機，也久久不能入睡。其次，你可以閉上眼睛，深呼吸幾秒鐘，再漸漸吐氣，告訴自己不要想白天發生的任何事情，此時此刻只想讓身體放鬆下來。即使有再多的壓力和煩惱，你也要把它們拋到九霄雲外。你可以嘗試採用冥想法，告訴自己先好好睡一覺再說，只有睡好才能更有效率地工作。

(2) 每天至少有 5 ～ 15 分鐘的小憩時間。深度睡眠是基礎，有小憩時間能讓幫助我們快速恢復體力，有助於運動和學習。如果你採用彈性工作制，就利用中午、下午飯後的時間小憩 5 分鐘，可以閉眼休息或使用緩解視力疲勞的眼藥水，休息完後再繼續工作。如果你上、下班時間固定，可以用午休的時間小憩一會，哪怕是坐在座位上閉眼休息 10 分鐘，也能讓身體得到全面放鬆。

(3) 避免熬夜。熬夜會傷身體，長期熬夜，你的作息時間會改變，從而影響你的睡眠時間和品質。我有幾次因為工作加班到 1:00，第二天早上 8:00 起床，整個人的狀態都不好。同樣是睡足 7 小時的情況，可調整

第 5 章　運動時間：擁有好身體才能更高效

為 23:00 睡，第二天 6:00 起床，精神則會比較好。

你可以嘗試每天記錄自己的起床和睡覺時間，拍下自己每天起床的模樣。漸漸你會發現，早睡早起的那幾天，整個人看起來容光煥發；熬夜的那幾天，黑眼圈嚴重。

即使工作再忙，也要好好吃飯和睡覺，好好鍛鍊身體，這樣才能確保我們有精力做時間管理，實現更多的心願。

## 4. 養生

我閱讀了許多關於健身、飲食的書，從中學到一些有用知識，也認真做飲食、睡眠、運動的筆記，購買過專業的運動課程——比如線上瑜伽課、肌肉伸展放鬆課、飲食調理課等，讓自己保持規律的運動和健康的飲食。

我特意準備了一個「健康管理筆記本」，每天對身體做全方面記錄，內容包括睡眠時間、睡眠品質、喝了多少杯水、做了哪些運動、吃了哪些水果、三餐是什麼樣的等。

此外，我還用拍照的方式記錄自己不同階段的模樣，檢視自己是否真的把「運動＋睡眠＋飲食＋養生」全面實踐。

接下來展示的是我每週的運動安排，希望能對你有所幫助，如下所示：

氣功。這是一套傳統的健身功法。練習氣功有助於讓身體放鬆，特別是久坐後起來活動 10 分鐘，整個人都覺得身心愉悅。我會每天早上做一遍，晚上再做一遍。

## 第 7 節　張弛有度，運動時間搭配飲食和睡眠

養生茶。買正規品牌的茶包，經常喝能提神養顏。

泡腳。每天睡前泡腳，可提升睡眠品質。

晒太陽。晒太陽可促進維生素 D 的生成，只要不下雨、天不陰，我每天至少晒 30 分鐘的太陽。

健身（有氧運動、無氧運動、跑步等）。我每週都運動，有時候去健身房，有時候在家裡跟著手機課程練習。運動可使全身的肌肉得到充分訓練和放鬆。

設定鬧鐘，工作 1 小時，就起身活動 5 分鐘，避免自己久坐，可做一些簡單的伸展和放鬆動作。

保溫杯。保溫杯是我的必備物品，出門辦事的時候經常喝熱水，能讓腸胃暖起來，身體也變得暖暖的。

絲巾、圍巾。我會根據氣候變化選擇合適的絲巾或圍巾，保護自己的頸椎不受寒。

放鬆器材。我會準備一些按摩工具，運動後用於放鬆肌肉。運動前後的伸展、放鬆很重要，如果動作不到位，肌肉就得不到充分的舒展。

用好運動時間，不僅身體更健康，也會讓你的飲食和睡眠變得有規律，整個人的精神狀態會越來越好。

你也可以根據自己的實際情況，張弛有度地運動，全面管理自己的運動時間，形成有個人特色的時間管理法。

第 5 章　運動時間：擁有好身體才能更高效

## 第 8 節　持續運動，獲益良多

從 2019 年開始制定第一次「100 天訓練」計畫後，我陸續開啟了多個 100 天訓練的計畫，把運動時間安排到每一天中，收穫良多。接下來分享一些正向收穫，希望能對你產生正面的影響。

我健身並不是為了減肥，而是為了保持身體健康。特別是在創業以後，我每天都很忙，更需要有一副好身體。以前我每週健身兩次，創業後這個健身頻率遠遠不夠，需要增加健身的頻率和項目，才能有一副好身體，才能精力充足地工作。

我報名上了一門健身課，專業教練帶我進行無器材訓練。我每天花 15～20 分鐘，按照教練的安排訓練即可。我抱著試試看的態度開始訓練，課程結束後，沒想到身材發生改變，同時收穫了一套有系統的健身知識。

結合有氧運動和無氧運動，健身會有更好的效果。單個動作的重複頻率增多，每兩個動作之間的間隔時間只有 10 秒……每天這種高強度間歇訓練結束後，我整個人都大汗淋漓。

100 天過後，我的體重下降了 5 公斤，身上的贅肉也漸漸變成了肌肉，體態逐漸變得好看。其間我還堅持每天花 10 分鐘做營養早餐，當然不能影響正常工作和學習。

和朋友們見面後，他們都說我瘦了很多，問我是如何變瘦的。我告訴他們，每天花 20 分鐘訓練，少吃、多運動。

長期健身，一個人從內到外會有很大的改變：體態變得輕盈，心態

第 8 節　持續運動，獲益良多

更自信。透過一次又一次的「100 天訓練」計畫，我不僅實現了健身目標，也結識了幾位健身隊友──她們透過健身也發生了「蛻變」。

以下是我實踐多個「100 天訓練」計畫後的一些收穫：

## 1. 體態和氣質變得更好

如果你想讓自己從內到外變美、變瘦，有氣質，持續運動是最好、也是最省錢的方法。

如果你不想去健身房，也可以選擇居家健身。無論在哪裡，重要的是要採取行動。現在有一些健身 App 可以居家練習，只要在家準備瑜伽墊和簡單的健身小器材（啞鈴、跑鞋）即可。線上訓練沒有時間和地點限制，無論出差還是居家，只要你願意，每天都可跟著影片做運動。

我選擇健身房運動和線上運動搭配進行，每天花 15～30 分鐘的時間。如果不出差，我會去健身房；如果出差，我會跟著影片做運動。

以前我是一個跑 800 公尺都會氣喘吁吁的人，而在經過持續的訓練後，現在每次跑 5 公里也不再是一件難事，和過去的自己相比，有了很大的突破。以前我做幾個伏地挺身就覺得很累，現在 1 分鐘可以堅持做平板支撐、做好多個伏地挺身……

你只要體態輕盈，穿什麼衣服都好看。體重沒下降的時候，新買的衣服我穿幾次後就會變緊，甚至下個月就不能穿了。瘦身後，許多衣服都可以穿，買衣服完全不用擔心是否合身。肌肉變緊實後，穿上運動服特別好看。當看到自己身體健康、身材變成自己喜歡的模樣時，你會非常激動。

第 5 章　運動時間：擁有好身體才能更高效

　　訓練需要耐心。健身是否有成效，不是看體重計上的數字變化，而是看自己整體的精神、體脂率、肌肉量是否有變化。在健身的過程中有可能你的體重增加了，但是體脂率下降了，同時身材變瘦了。長期堅持健身才會有效果，如果中途放棄，前面付出的所有努力就都白費了。要想長期保持好身材、擁有好身體，一定要「管住嘴，邁開腿」，合理安排運動時間才是真理。

## 2. 心態更自信

　　堅持健身後，我對自己越來越有信心。不是看起來瘦才算擁有好身材，全身的線條匀稱、肌肉分布合理，整體協調，才是真正的好身材。

　　健身後，我漸漸嘗試穿牛仔褲和一些我以前不敢穿的衣服。

　　工作後，由於長期坐著辦公，25 歲以後我肚子上有了「游泳圈」，也明顯感覺到新陳代謝速度在減慢。以前我的體重保持在 50 公斤左右（不用刻意維持），但 25 歲後只要不運動，體重和體脂率就會成長。我上網查閱相關資料後才明白：女性過了 25 歲後身材開始走下坡路，如果不加強訓練，體脂率會越來越高，身體多餘的脂肪會堆積在肚子和肩膀等部位。身邊一些 30～40 歲的姐妹們一直保持好身材，其祕密在於每週健身。她們也用親身經歷告訴我，越早健身越好。

## 3. 飲食也變得有規律

　　工作繁忙的時候，我希望把做飯的時間都節省下來留給工作，後來發現做飯時間還真不能省。

每天的健身餐，我先從超市買 2～3 天的蔬菜食材，再用蒸煮的方式加工，搭配麵包、雞蛋、雞胸肉等製作成可口的飯菜。那段時間，健身後只要有時間，我都會自己做早、中、晚餐。

我總是提醒自己：好好吃飯，好好學習，好好生活。

健身後，我的飲食變得越來越清淡，油膩、辛辣的食物都不吃，冷飲也很少喝。對自己的腸胃好一點，身體狀態也會比較好。

## 4. 堅持健身，精神上更富有

無論我工作有多忙，出差到哪一座城市，我都會帶著一雙運動鞋，工作結束後便安排運動時間，延續健身習慣。

我出差結束工作後，每天晚上開啟健身 App 跟著教練一起做運動，運動結束後便拍照打卡，每次打卡的對比照片也讓我看到自己的改變。

你也許會認為，出差期間能堅持運動是因為我精力充足，但事實是每天工作完後會感覺很累。我一年出差 100 天，有 90 天都不想健身，但每次我都告訴自己，用時間管理裡的 30 秒啟動法則，先把運動鞋穿上再說。我把運動服、運動鞋都換上並打開健身影片，告訴自己：再堅持 1 分鐘，只有 5 分鐘就結束了，堅持就是勝利。

透過積極鼓勵自己，看著打卡天數變得越來越多，直到 100 天結束。結束一個 100 天的訓練後，我又開啟了新的訓練計畫。

有段時間我為自己設定的運動強度特別強，每天健身結束後能累到趴下，第二天全身肌肉痠痛，打退堂鼓的想法無數次從腦海裡冒出來。但是想放棄的時候我又鼓勵自己：再堅持 5 分鐘吧，要想成為 20% 的少

## 第 5 章　運動時間：擁有好身體才能更高效

數人，就要做少數人才能做到的事。

學習和訓練的過程中有苦也有淚，當你覺得很難的時候，咬牙再堅持一會，不斷鼓勵自己，就會走向勝利的終點。

現在我已經完成好幾輪不同的「100 天訓練」計畫。我告訴自己：要把鍛鍊身體培養成生活習慣，就像刷牙洗臉一樣──如果某天忘記了刷牙，就會感到不適。

100 天很長，占據了一年 1/3 的時間。能夠 100 天持續健身，相信你會擁有更多好習慣。

在寫本書的過程中，我也採用「100 天訓練」的方式將寫作、工作、運動結合起來，確保每天都有 15 分鐘的運動時間。我在社交動態堅持每週運動打卡，在時間管理筆記本上記錄下每週的運動時長，到月底的時候統計運動時間。

在這幾年裡，我完成了若干個「100 天訓練」時間計畫，我學會了 Zumba、拳擊、跑步、跳繩、瑜伽、健身操等運動項目，用時間塑造自己的體態。我在精神上變得更富有，也因運動而感到自信。我不再是看起來「風一吹就倒」的模樣，而成了一個健美的「女漢子」。每次久別的朋友看到我，都會誇我的精神越來越好。這些都是運動帶給我的收穫，無法用金錢衡量。

希望你結合自身的情況，安排好每週的運動時間，為鍛鍊自己的意志力「充電」，擁有健康的體魄和美好的身材。

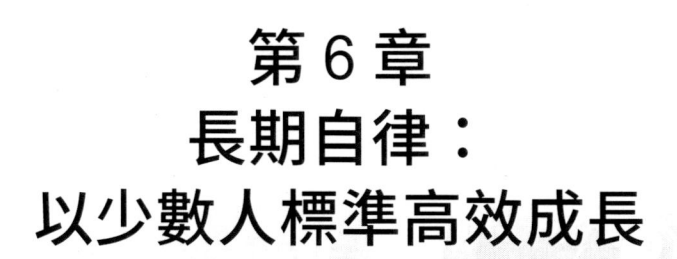

# 第 6 章
# 長期自律：
## 以少數人標準高效成長

# 第 6 章　長期自律：以少數人標準高效成長

## 第 1 節　20%的少數人如何做時間管理

　　管理學原理中有一個著名的「80／20 法則」。

　　它建立在「重要的少數與瑣碎的多數」原理的基礎上，按事情的重要程度編排行事優先次序。這個原理由 19 世紀末 20 世紀初的義大利經濟學家兼社會學家維爾弗雷多・帕雷托（Vilfredo Pareto）提出，大意是：在任何特定群體中，重要的因子通常只占少數──約 20%，而不重要的因子則占多數──約 80%，只要能控制具有重要性的少數因子，就能控制全域性。

　　在經濟生活中可以表現為：20%的人掌握著世界上 80%的財富；80%的公司效益歸功於 20%的員工的努力；通常一個企業 80%的利潤來自它的 20%的專案；20%的人身上集中了 80%的人類的智慧……

　　這個法則也適用於時間管理：你把 80%的時間花在 20%的重要事情上，花 80%甚至更多精力做自我提升，才能成為 20%的少數人。

　　當我感到迷茫、低落或焦慮時，我就用這個「80／20 法則」鼓勵自己：想要成為 20%的少數人，就要忍受 80%的人無法忍受的痛苦，就要花更多的時間和精力用在重要的事情上。20%的少數人都是時間管理高手，他們能夠把工作、學習和生活都平衡得很好，他們身上有許多值得我學習的地方，只要能把他們的一些亮點用到自己身上，每天進步一點點，日積月累，我就會進步得越來越明顯。

　　每個產業裡都有 20%的領軍人物，他們能成為各自產業的代表，與他們平時在產業內的累積分不開。每個人都渴望成為 20%的少數人。這

些少數人都是如何做時間管理的呢？從他們的時間管理方法裡，你能夠獲得哪些啟發？

下面，我想介紹我身邊一位少數人，希望他的時間管理法能對你有所啟發。

Eric 是一位會說多國語言（英語、法語、德語、日語、西班牙語、中文）的 74 歲老爺爺，普林斯頓大學音樂學博士、電腦博士。他也是一位大學老師，不僅數學和電腦學得好，鋼琴也彈得很好，曾舉辦過個人鋼琴演奏會。他是我朋友之中的少數人，一直踐行著「活到老，學到老」的理念。

他曾與我住在同一個城市幾年，我們一起交流學習方法和時間管理，從他身上學到的方法讓我受益匪淺。

## 1. 每天都做時間管理，每個時段都有不同的安排

以前上學時，他每天都會安排不同的時段複習所學知識，也會花 10～20 分鐘的時間預習相關學科的知識，即把預習和複習的時間都提前預留出來。畢業後他在大學裡任教，除了教學任務，他每年還有學術論文的寫作任務。

他用下課後的時間去圖書館查閱文獻。那個年代還沒有電腦，他把參考文獻一本一本讀完後，在自己的筆記本裡記錄有用的內容，再引用到論文中。我看過他當年用的筆記本，筆記很有邏輯。

以前市面上還沒有專業的時間管理筆記本，他用一個小筆記本記錄自己每天的時間支出。他會羅列待辦事項，完成之後就打勾，沒有完成就標註原因，並註明延續到何時。從工作到退休，他一直隨身攜帶這樣

的小筆記本。他是一位認真做時間管理的智者。

當時他已經是一位行動不便的老人，但每天依舊堅持安排「運動時間」。他飯後會到公園走 30～60 分鐘。

他每天的時間安排如下：早上起來看書學習或者解數學題，下午去咖啡館繼續看書，下午回家後練習鋼琴（週一、週三、週五），晚上飯後在公園裡散步 30～60 分鐘。

我每次去那間常去的咖啡館都會看見他坐在老位置上，手裡拿著一個 Kindle 電子閱讀器，坐在那裡看書，一坐就是一下午。我就是在這家咖啡館認識他的。我觀察了他好幾天，對他在如此嘈雜的環境裡能靜心看書感到好奇。

我跟他聊天後得知，他的父親就很有成就，透過搜尋引擎還能查到關於他們家族的一些資訊。他的父親是一位物理學家，在大學任教，有豐富的科學研究成果，去世後學校還特意將一棟建築以他父親的名字命名。

## 2. 立刻行動，避免拖延

他有什麼好的想法，就會記錄在筆記本上分析其可行度；如果可行度超過 50% 且風險能承受，他就會做這件事。這一點很重要，許多好的想法其實就是在拖延中漸漸被冷落或忘記的。好想法不一定都能實現，如果不執行，很可能會錯過許多精采的內容。他年輕的時候想學一門新的外語，會先找學習資料，然後規劃自己學外語的目標和時間進度表，再一年接一年地堅持學習。

他的學習壓力也很大。為了保持學習能力，他每週都會去圖書館看

書;平時認真做筆記,與同學討論學習知識。除了學習,他還安排了練習鋼琴的時間和運動時間,幫助自己平衡好學習和生活。他每年都會為自己設定一個新目標或學一項新技能。由於他有清晰的目標,又能做好時間管理,才能學有所成,漸漸把所學知識運用到各個方面。

關於老年人的時間管理問題,他說:「到我這個年紀,剩下的時間不多了,我會每天把握時間閱讀報紙,或學習一些自己感興趣的知識。」他每天 8:00 起床後會一邊喝咖啡一邊看新聞、回覆訊息等,專注工作幾個小時後就起身放鬆,下午閱讀後外出散步。每天晚上 21:00 睡覺,不熬夜,也不替自己安排太多工作。如果有活動需要參加,他會提前寫在時間管理筆記本裡,避免遺忘。

有一次,我問他的時間是如何安排的。他沒打開筆記本,一口氣向我講述了下週有哪些安排,而且絲毫不亂。這一點讓我印象深刻,只有做好時間管理的人才會把時間管理表「印」在腦海裡。

## 3. 做好時間評估和備案

準備做事前,他會做一個時間評估,看自己的時間是否充足,避免把太多事情積壓在某一個時段內。他一生中有許多想學的知識,但並不是集中在某個時段學習的,而是會分時間、分階段地學習。

比如,他每次出去旅行前,都會寫一份詳細的時間安排表,包括:哪一天該買機票,哪一天該預定住宿,以及進行「吃住行」價格預算。待完成某一項後又做每一天旅行內容的詳細規劃及旅行中突發事情的備案。這樣井然有序地安排時間,旅行也因有充分準備而不會感到慌張。受他的啟發,我無論做旅行計劃還是做商業計劃,都會花 60 分鐘寫一份

備案,設想最糟糕的情況一旦發生後該如何處理。

他在大學讀書的時候每學期都會提前做一份期末複習表,把要複習的科目按照時間順序排列好,每天用不同時段複習各個科目,再遵循「艾賓豪斯遺忘曲線」安排複習時間,所以每次考試都獲得了不錯的成績。

## 4. 記錄學習、工作、生活的時間開銷

他會在自己的時間管理筆記本裡記錄每次與朋友見面的時間開銷及自己工作和學習的時間開銷,以幫助自己判斷每週、每月的時間安排是否合理。有一次,我和他預約 14:30 在咖啡館見面。他告訴我,當天下午可以安排兩個小時給我,結束後還有其他事情需要做。果然,會談持續了兩個小時他準時離場,時間計算得很準確。我也向他學習,安排好自己的時段後,時間到就離開,然後開始新的待辦事項。我也會在筆記本裡記錄自己每一天的時間開銷。

有段時間他分析自己的時間開銷,發現自己留給工作和學習的時間太多了,導致留給朋友的時間大幅減少,於是他便及時調整,在下週安排更多時間與朋友見面。

無論工作和學習有多忙,他每天都會留 30 分鐘練習鋼琴。正因為他日復一日、年復一年地練習,才有了後來的個人鋼琴演奏會。我很佩服他每天都能安排「自我提升時間」,因此不斷向他看齊。

他的時間管理做得非常好,是我的榜樣。他奉行「終身學習」的理念,直到去世前幾天仍保持著讀書看報的習慣。後來,我只要缺乏動力想偷懶,腦海裡就會浮現他慈祥的笑容和鼓勵我的話語。

Eric 於 2022 年 5 月 25 日去世。一個陽光明媚的下午，我打開電子信箱時，突然收到他去世的消息，內心感到十分悲痛。我知道這一天終究會來臨，也提前做好了心理準備，但是在收到電子郵件的那一刻，還是忍不住感到難過，腦海裡不斷地浮現出我們曾經談話的片段。

他是一個非常優秀的人：會說多國語言，學習成績一直名列前茅，名校畢業，謙遜而有學識，有一顆認真做公益的心……我希望自己也能成為像他那樣優秀的人。

## 第 2 節
## 長期主義者：
## 合理利用你的長期計畫和短期計畫

我們都想成為更好的自己，但成長路上並不是一帆風順的，我們會對當下的自己感到不滿，也會遇見一些困難和挫折。面臨這些問題時，長期主義者和短期主義者有哪些不同呢？

長期主義者，做規劃、做事從長遠角度考慮，知道自己真正想要的是什麼，能夠抵擋住一些誘惑。他們會從解決問題的角度出發，把問題分析透澈且一步步執行下去，盡量把問題一個一個解決。

短期主義者，做事只考慮眼前利益卻不考慮未來的機會，面臨誘惑時容易陷入其中；面臨問題時容易逃避，不想解決問題，甚至讓小問題一直拖延成大問題。

透過對比可知，想要成為一名長期主義者，你需要認真規劃自己的時間，合理利用長期計劃和短期計劃，在不同的時段做不同的事情。

### 1. 面對選擇，要像長期主義者一樣思考

人們在制定時間管理計畫面臨選擇時，總是容易感到迷茫和困惑，甚至不知道自己的選擇是否正確。此時你可以學習像長期主義者一樣思考，先在心中確定一個長期主義者的形象，再在每次做決定的時候都進行想像：同樣情況下，榜樣會如何做選擇。

第 2 節　長期主義者：合理利用你的長期計畫和短期計畫

比如，你在大學畢業或研究所畢業時面臨選擇：是選擇工作，還是繼續讀書？

再比如，你面臨工作上的選擇：是繼續留在原公司工作，還是換一間公司工作？

面對選擇時，你可以從長期主義者的角度出發，用他們的思考方式分析並解決問題。

面對「選擇工作還是繼續讀書」這個問題，長期主義者會在紙上或者檔案裡把問題寫出來，先分析自己當下的狀態，再分析自己選擇兩條不同的路會面臨什麼樣的機遇和挑戰。中途長期主義者可能會請教一些高手，聽取他們的意見，但最終做決定的人一定是本人，並且對自己的決定負責。

長期主義者會在大學入學時分析自己的情況，考慮大學畢業時是先找工作還是先考研究所，待想法整理清晰後便開始有步驟地做準備，而不是等到大三、大四面臨畢業時才思考這個問題。比如，有的科系注重實際運用，可能畢業後先工作會更好，這種選擇不但可以減輕家庭的負擔，還可以讓自己收穫工作經驗，哪怕工作幾年後再考研究所也不遲。你可以從大一開始利用寒暑假的機會實習，為畢業找工作做準備。有的科系屬於尖端產業，要求畢業後繼續讀書深造，才能獲得更好的就業機會，你可以從大一開始認真累積，為繼續深造做準備。

面臨職業選擇時，長期主義者會提前思考和布局，分析兩種不同的選擇會給他們帶來什麼樣的結果。例如，選擇留在原來的公司繼續工作，雖然當下薪水普通，但未來發展潛力大，想同時得到升遷加薪，就必須獲得更多的專業證照；而選擇換一家公司工作，看似當下獲得的薪水更高一點，但未來發展可能不如在原公司好。從長遠角度考慮，要提

第 6 章　長期自律：以少數人標準高效成長

前準備相關證照和考試，雖然選擇了一條看似困難的上坡路，但熬過去之後就會到達一個新的高度。

短期主義者很少思考自己的未來，也很少做規劃和準備，到真正面臨問題時會手忙腳亂，找不到解決問題的頭緒和方法。

## 2. 合理利用長期計劃和短期計劃

有的人可能會說：「做計劃誰不會呢？在年初列出目標，然後分時段執行就好。」

但真的那麼容易嗎？並不是的，實際行動的時候你會發現，許多計畫都無法執行或執行起來很困難。你需要合理利用自己的長期計畫和短期計畫，幫助自己實現長期時間的合理安排。

(1)做長期計劃時，要先考慮長遠發展，再分配時間。你想學、想做的事情很多，從長遠發展考慮，要學會分析對你未來有幫助的事情，把這些事情列入計畫中，再分配時間。

每年我也有很多想做的事，但會先做那些對個人發展有幫助的事。同樣是自我提升時間，比如未來 3～5 年裡我想學衝浪、學潛水，但學衝浪、學潛水的時間不如學習金融學、經濟學知識對我更有幫助。我會從長期主義者的角度出發，先學習對職業發展有幫助的內容，再考慮自己的興趣愛好。若從短期主義角度出發，我可能會做那些當下讓我快樂的事，而不是選擇對我事業發展有用的事。

(2)長期目標制定後，可把它們分解為一個又一個的短期計畫，這樣目標更容易實現。你若選擇長期在某一個行業領域發展，想成為這個行業裡的少數人，須用 5～10 年的時間學習和實踐。當明白自己的終極目

標後，你可以把長期計畫按「年」為單位，分解為一個個短期計畫。

透過一年又一年的累積，你把長期計畫和短期計畫都安排好並一一實現，就會從新手蛻變成高手，實現自己的職業目標。

(3)做短期計劃時，可行性排第一，從易到難安排。某個具體的短期計畫可能會和其他事項有時間衝突，你要從可行性出發，做那些更容易實現、更簡單的計畫，執行後你的信心會倍增，再選擇有一定難度的計畫執行。當同時面臨兩個短期計畫時，你可以參考本書前面講述的時間管理法，優先完成重要、緊急的計畫。

## 3. 按照20%的少數人的時間管理法執行

做好長期計畫和短期計畫後，最重要的是執行力。想偷懶的時候不妨用20%的少數人的時間管理法鼓勵自己，想想這些少數人、長期主義者會如何做。

有段時間我忙著準備參加創業比賽，在距離截止日期只有兩週的時候，不得不把工作上一些重要的事情暫停下來。但實踐後我發現，這樣的方式並不能讓我認真準備比賽，我應該提前做參加創業比賽的計畫，就不會影響日常工作。

第二年參加新的創業比賽時，我吸取經驗教訓，先思考一個問題：如果是20%的少數人準備比賽，他們會怎麼做。他們會提前把備賽時間規劃出來，將其分解到每一天，再結合自身的工作和學習安排時間準備，這樣既不會影響到平時的日常工作，同時也有足夠的時間修改比賽用的PPT，而不是每天手忙腳亂地準備比賽。

在創業比賽開始前兩個月，我把比賽的截止日期寫在時間管理筆記

本上,分析這兩個月該如何做短期計劃。最後我決定:從工作時間和學習時間裡各抽出 15 分鐘,每天晚上花 30 分鐘準備比賽。這樣做既不會影響我正常的工作和學習,也能夠兼顧備賽。根據備賽流程(提前學比賽規則、寫商業企劃書、做 PPT、不斷修改內容及做演講訓練等),我制定了合理的短期計畫,每天都有時間備賽。那次比賽我因準備充分,胸有成竹,最終取得了不錯的成績。

後來,我無論做什麼樣的短期計劃,都會思考:如果從 20% 的少數人角度出發,他們會如何做。然後,我會結合長期計劃,合理安排工作和學習,盡量不打破原本的好習慣,進一步做好時間管理。

我每次做計劃、執行計畫時,都會用少數人、長期主義者的方式思考,漸漸地我發現自己的思維改變了。我做新決策時不再只關注當下的利益,而是從長遠的角度出發,思考如何做才能走得更穩、更遠。比如,在面臨「未來的機遇」和「當下短期賺錢」這兩個選擇時,我會從長期主義者的角度出發,做那些有機遇的事情,哪怕當下的物質回報很少,甚至沒有物質回報;而不是做那些看似能短期賺錢、長期卻沒有發展的事。

做時間管理重在選擇利弊,希望你也能從長期主義者的角度出發思考問題、做決策,做好長期和短期的規劃,把時間花在刀口上。

# 第3節
## 用九宮格時間管理法平衡時間，使你成為少數人

在做時間管理的時候，你可能會因為某段時間工作太忙而導致自己沒法安排運動時間；也可能因為學習時間安排得太滿而導致沒有自我提升時間。每次面臨時間取捨時，你似乎都不想放棄原來的一些計畫。可是，你一定要明白：學會放棄是為了更好地開始。

一天24小時被分割成工作時間、學習時間、運動時間、自我提升時間、休息時間等，如何平衡好這些時間，成為少數人呢？

推薦你使用九宮格時間管理法，可在最大時間限度內完成一系列事情。

### 1. 什麼是九宮格時間管理法？

所謂九宮格時間管理法，從字面意思上理解，就是把不同的時間分配到不同的格子裡，在每一個格子裡都寫上相關規劃和時間分配情況，並一步步實現每個格子裡的計畫。

人生的不同階段會面臨不同的選擇，無論做什麼樣的選擇，都需要花費時間和精力。你可以把在工作時間、學習時間、運動時間、自我提升時間裡需要做的事情分配到九宮格中。

你可以從健康、工作、財務、家庭、社交、興趣、學習、休息、備忘錄九個角度出發設計九宮格。

## 2. 九宮格時間管理法有哪些優勢？

這樣設計的好處是：能讓你更直觀地檢視本月、本週的時間花在哪裡，了解具體待辦事項還有哪些，從而使你有效利用時間完成計畫。這也是長期主義者經常使用的方法。

九宮格時間管理法還可以搭配番茄工作法、四象限法則一起使用，以實現效率最大化。

九宮格時間管理法不僅適用於個人時間管理，也適用於團隊時間管理，讓幫助團隊合作完成一項或多項任務。

## 3. 如何運用九宮格時間管理法？

以「月、週」為單位繪製九宮格，如圖 6-1 所示。

| 健康 | 工作 | 財務 |
|---|---|---|
| 家庭 | 社交 | 興趣 |
| 學習 | 休息 | 備忘錄 |

圖 6-1 九宮格時間管理法

### 第3節　用九宮格時間管理法平衡時間，使你成爲少數人

繪製步驟如下：

第一步：準備一張A4紙，用尺和筆畫出九宮格。在九個格子裡分別寫上「健康、工作、財務、家庭、社交、興趣、學習、休息、備忘錄」，可以把書寫的順序打亂，也可根據自己的待辦事項優先等級書寫。

第二步：在九宮格中填上你的目標。如果以「月」為單位，可以填上你本月的各項目標，這個目標可以是簡單的幾個字，也可以用一句話概括；如果以「週」為單位，那麼可以在裡面寫更多詳細的內容，包括每週的每一天大約安排多長時間完成某項目標。填寫目標的時候，可以遵循「331原則」：3個一定要完成的目標、3個有難度的目標、1個有挑戰性的目標。這樣安排的好處是你至少可以完成3個目標。在區分難易程度的情況下，更容易激發你內在的潛力。

比如，你是一名人力資源經理，要安排工作任務，可按照「331原則」在紙上這樣寫道：

（1）篩選200份履歷，從中挑選20人進行面試。

（2）完成20個人的面試，從中選2個人作為新員工候選人，讓總經理進行最終面試。

（3）完成公司本月員工的績效考核與薪資發放，做到零失誤。

（4）修改公司的晉升機制，讓新員工獲得更多發展空間。

（5）修改員工KPI考核制度，讓公司制度更人性化。

（6）本月篩選300份數位媒體職位履歷，為公司儲備數位媒體人才。

（7）完善公司人力資源五大板塊的內容，到月底至少完成其中一個板塊。

到了月底，你可以檢視統計工作九宮格裡的月計畫目標的完成情況：哪怕最終你只實現了前面3個「一定要完成的目標」，也勝過一個目標都

沒有完成；也許你會超預期實現另外 3 個目標，能實現計畫裡的 5 ～ 6 個目標，甚至把所有目標都實現了。用九宮格時間管理法做規劃，你可以更好地執行多項任務，而不是面對多項任務時沒有頭緒。

用九宮格法分配任務，可以合理安排每個板塊的任務，做到多個任務有先後順序地實施；到月底時檢視結果和預期是否一致，也方便計算目標達成率。

第三步：把你的時間安排到不同目標中。比如，你計劃本月的學習時間是每週 10 小時，可在「學習」宮格裡寫上目標，並把時間也寫在裡面。如果以「週」為單位，可以寫上你每天打算安排幾個小時在「學習」這個宮格，比如週一至週五每天學習 1 小時，週六和週日每天學習 2 ～ 3 小時。

九宮格法不僅適用於「月計畫、週計畫」，還適用於「每日計畫」；可以根據實際情況繪製，也可以使用電子表格列印。

## 4. 九宮格時間管理法 + 四象限法則

結合「四象限法則」，把兩種方法疊加起來使用，可以讓時間的運用達到最高效率，如圖 6-2 所示。

你一天的時間中要把工作、學習、運動、自我提升的時間做規劃，可以把兩種方法疊加使用。先繪製九宮格圖，再根據事情的重要、緊急程度，用不同的符號做標記。具體符號舉例如下。

▲三角形：重要、緊急的事

●圓形：重要、不緊急的事

★星形：不重要、緊急的事

◆ 菱形：不重要、不緊急的事

在九宮格對應的任務列表裡，每一項任務後面都可以標註不同的符號，它們分別代表事情的重要、緊急程度，以提醒自己要合理安排時間。

| 健康<br>▲健身30分鐘 | 工作<br>★完成20份<br>問卷調查發放 | 財務<br>◆製作今日收支表 |
|---|---|---|
| 家庭<br>●和家人一起吃晚飯 | 社交 | 興趣<br>▲練習鋼琴45分鐘 |
| 學習 | 休息 | 備忘錄 |

▲三角形：重要、緊急的事
●圓形：重要、不緊急的事
★星形：不重要、緊急的事
◆菱形：不重要、不緊急的事

圖 6-2 九宮格時間管理法 + 四象限法則

用時間管理的疊加方法可以幫助你完成一天中多個時段的任務切換，以及不同時段該如何分配時間，還可以提醒你被遺忘的一些事情。比如，你在備忘錄這一欄中可以寫上臨時安排的任務，即使當天要完成的任務很多，也能在檢視九宮格時確認臨時、瑣碎的事情是否都已完成。

## 5. 處於人生的不同階段，九宮格的內容也不一樣

如果你處於學生時代，那麼九宮格裡的內容可以分為學習時間、運動時間、自我提升時間。學習時間會成為你學生時代安排得最多的時間，只有不斷投入時間學習，你才能收穫更多知識並形成自己的知識體系。

## 第 6 章　長期自律：以少數人標準高效成長

此時你可以把九宮格做一個簡單的變化，把第一排、第二排的三個宮格全部列為「學習時間」，把第三排的第一、二個宮格列為「自我提升時間」，把第三排的第三個宮格列為「運動時間」，分別填入待辦事項。此方法可疊加不同的時間管理法一起使用，如圖 6-3 所示。

| 學習時間 | 學習時間 | 學習時間 |
|---|---|---|
| 學習時間 | 學習時間 | 學習時間 |
| 自我提升時間 | 自我提升時間 | 運動時間 |

圖 6-3 九宮格簡單變化

這樣做的好處是：你能更直觀地看到不同時段自己的著重點有何不同。你可以對每天、每月安排更多的學習時間，同時安排一些自我提升時間和運動時間，以達成勞逸結合。

如果你已經畢業工作了，那麼九宮格裡的內容可調整為工作時間、學習時間、運動時間、自我提升時間，同時每天的工作時間至少占據 24 小時裡的 8 小時（按照正常上、下班時間計算），如果加班，工作時間會更多。當你感到工作疲倦時不妨換位思考：自己的角色已經從學生轉變為職場人士，時間的花費自然也會改變，花更多時間在工作上是常態；先謀生，再追求興趣愛好。

## 第 3 節　用九宮格時間管理法平衡時間，使你成為少數人

在工作時間為主的階段，九宮格的變形如圖 6-4 所示：第一排、第二排的三個宮格為「工作時間」；第三排第一個宮格為「學習時間」，第二個宮格為「運動時間」，第三個宮格為「自我提升時間」。完成後再填入待辦事項。

| 工作時間 | 工作時間 | 工作時間 |
|---|---|---|
| 工作時間 | 工作時間 | 工作時間 |
| 學習時間 | 運動時間 | 自我提升時間 |

圖 6-4 工作時間為主的九宮格圖

透過九宮格時間管理法，你可以在人生的不同階段都做好時間管理。

讓我們在人生的不同階段都認真做好時間管理，一環扣一環地穩步前進。

第 6 章　長期自律：以少數人標準高效成長

## 第 4 節
## 透過疊加使用時間，達成效率最大化

　　隨著社會的發展，生活節奏變得越來越快。人們每天需要完成的事情越來越多，如果把時間合理疊加，「時間不夠用」就不再是問題了。

　　比如，刷牙只花 3 分鐘，聽英語聽力再花 3 分鐘。你可以把這兩件事合在一起做，一邊刷牙一邊聽英語聽力，無形中節省了 3 分鐘。節省的時間可以用來做其他事。

　　當然，不是所有的時間都可以疊加使用，你要區分哪些時間可以疊加使用，哪些時間只能單獨使用，才能達成時間利用最大化。

### 1. 找出可以疊加使用的時間

　　專注學習、工作的時間不可以疊加使用。無論是工作還是學習，只要涉及專注時間，都屬於不能疊加使用的時間。

　　專注＝效率，你越專注就越容易進入心流狀態，學習效率或工作效率也就越高。比如在專注時間寫作，如果在一小時的學習時間裡每隔幾分鐘就被一件事打斷，或者一小時中你同時做三件事情，這些都容易分散你的注意力。暫時切斷與外界的連繫，能讓你在一小時內保持專注，效率也會提升。

　　簡單、不費時的事情可以疊加使用時間，還可以利用碎片時間。比如，你可以一邊做家事、一邊聽書；一邊敷面膜、一邊回覆郵件或手機

訊息。把這些時間疊加使用，不會影響你的正常生活，同時能讓你在有限的時間內把瑣碎的事情完成。

我的習慣是一邊敷面膜 15～20 分鐘、一邊讀書；一邊做家務、一邊用藍牙音響聽手機裡的新聞或外語聽力。敷面膜的同時完成了睡前閱讀，也使我從資訊爆炸的狀態切換為獨立思考狀態。我平時久坐辦公室，也會把時間疊加起來，用起身活動的時間簡單鍛鍊。

我的大學教授是一位時間疊加使用的高手，他會在乘坐交通工具時回覆郵件和訊息，在辦公室裡專注工作，在家中盥洗時聽時事新聞。

我有一位朋友經常到各地出差，他也會把在路上的時間疊加使用。比如乘坐客運、高鐵時，他在用耳機聽書的同時會閉目養神 10～15 分鐘，之後再用電腦工作 30 分鐘，起身休息 5 分鐘，回覆手機訊息。

長期主義者習慣於把時間疊加使用，把做小事、簡單事的時間疊加使用，就能節省出更多時間做真正重要的事。

## 2. 如何實現多種時間的疊加

這裡的時間疊加，是指在每天 24 小時中盡可能地把一些時間疊加使用，平衡好工作、學習和生活的時間。

你可以和朋友、家人或同事約定，將同一時段作為「疊加時間」；也可以獨立把時間疊加使用。

比如，如果你工作太忙，沒有時間與朋友見面，可以邀請好友一起加入「疊加時間」。你們可以相約一次「一小時線上見面」，在這一小時裡共同完成一件事或達成一個目標。在這一個小時裡，你們可以督促對方一起開啟影片閱讀 30 分鐘，再用 30 分鐘分享彼此最近的生活情況，實現自我提

第 6 章　長期自律：以少數人標準高效成長

升時間和生活時間的疊加使用。此方法適用於工作忙碌的人，你和朋友不一定有時間經常見面，但「疊加時間」可以讓你們的連結變得緊密，共同成長的過程也會讓友誼變得更加牢固。忙碌時各自忙碌，空閒時再見面。

再比如，你是一名職場人士或家長，平時工作忙，沒有太多時間陪孩子，也沒有時間自我提升，可以嘗試把「親子時間」和「自我提升時間」疊加起來使用。

你可以在週末抽出 1～2 個小時和孩子一起去圖書館看書：孩子讀繪本故事，你讀自己感興趣的書。這樣既擁有了與孩子共處的親子時間，也擁有了自我提升時間。你還可以每天在陪孩子做作業時放下手機，拿起一本書閱讀，為孩子當一個好榜樣，陪孩子一起學習。你甚至可以把運動時間、自我提升時間、學習時間都和孩子的學習時間一起疊加，你們一起做運動和學習，以實現時間利用最大化的效果。

如果你只是自己一個人做時間疊加，可在任何時候開始。比如，你可以在上午、中午、下午的任意時候，實行自己的時間疊加計劃，把要做的事情依次安排好。你可以花 30 分鐘的時間一邊做飯、一邊聽音檔，可以花 15 分鐘的時間運動、聽音樂、打電話給朋友。

在疊加時間的過程中，你需要不斷實踐，才能漸漸摸索出屬於自己的方法。所以，你可以準備一個筆記本記錄適合疊加使用的時間，以及在哪些場景下可以使用。

## 3. 自我提升時間疊加長期主義時間

「自我提升時間」和「長期主義時間」也特別適合疊加使用。例如，你想學習彈鋼琴，目標是在一年的時間裡學會彈 5 首好聽的曲子。這個

## 第 4 節　透過疊加使用時間，達成效率最大化

目標要求你成為一名長期主義者，因為實現這個目標的過程同時也是將兩種時間疊加使用的過程。

每月看書、做讀書筆記、寫書評的時間也可疊加使用，做這幾件事的時間也屬於「自我提升時間」和「長期主義時間」。長期看書和寫書評都是自我提升的事情，透過做這些事，你漸漸形成自己的「輸入和輸出」知識系統。做這些事不僅可以收穫許多知識，還能幫你開啟新的副業，透過寫作賺錢，也實現了多種時間疊加使用的最佳效果。

我的朋友暖暖經常利用下班後的業餘時間看書和寫作，漸漸在網路上累積了許多讀者粉絲，每個月寫作的副業收入已經超過她的主業收入，不僅做到了自我提升，還成為一名長期主義者，同時達成了多種時間疊加的最佳效果。我還有一位朋友喜歡攝影，每天下班後，她用自我提升時間不斷精進攝影這項技能，在成為一名長期主義者後，也實現了副業收入增加，同時多了一項謀生的技能。

你也可以分析自己的興趣，發掘能讓你實現自我提升時間和長期主義時間疊加的興趣愛好，如果能靠它賺錢就更好了，可以在有限的時間內創造更多的價值。

在疊加時間的過程中，在短期內看不到實際收益，你也不要急躁，要相信它可以產生複利效應。這好比竹子的生長，前三年特別慢，因為它在不斷地扎根為日後的生長儲備能量，到第四年才會快速生長。在完成時間疊加使用的過程中你要耐心等待結果。把看書（自我提升時間）和寫作、寫書評（長期主義時間）疊加使用，短期內也許效果不明顯，但從長遠角度看你的收穫和付出會成正比。當你看過的書越多，你的知識會變得越豐富；你長期堅持寫作，花在寫作上的時間會讓你的寫作能力漸漸提升，就產生了時間的複利效應，證明你花費的每一分鐘都值得。

## 第 6 章　長期自律：以少數人標準高效成長

在疊加使用時間的過程中，須注意這幾點：

(1) 每次啟動時，多對自己進行正向的心理暗示，告訴自己一定可以做到。就算結果不能得 100 分，得 60 分也勝過一直拖延、沒有執行這個事項。

(2) 與朋友、家人、同事共同疊加時間時，要注意約定規則，避免浪費大家的時間。理想很美好，大家可以一起看書學習、共同進步，實現它卻是另外一回事。如果沒有規則，很可能你們約定一起看書的一個小時，最後會變成開聊一小時。制定規則對任何人都是約束，誰違反了規則，誰就要接受懲罰，如果大家共同實現了時間疊加的目標，則可以共同得到獎勵。

(3) 如果在實踐過程中發現某些時間不適合疊加使用，可以停止這個計畫。如果自己不好判斷是否適合，可請朋友幫忙判斷。比如，你把每天運動 15 分鐘（運動時間）和聽新聞 15 分鐘（自我提升時間）疊加使用，堅持三個月後可以請朋友判斷你的身材是否有變化，讓他們指出你可以完善的地方。你也可以設計一份可量化的成果表和過去進行比較。比如，持續運動三個月後，你把自己的體重和身材數值變化寫在記錄表中，能更直觀地看到自己的改變。

在疊加使用時間的過程中，剛開始你或許會感到迷茫、想放棄，但實踐一段時間後，你就能發現自己的變化，待做時間管理漸漸得心應手，你會發現透過疊加使用時間，每週能節省幾個小時做其他事情，而且做事拖延的情況得到了改善。

多練習疊加使用時間，把事情一件一件做完，讓目標一個一個實現，就能體會到成功的快樂。

## 第5節
## 建立輸入系統，成為長期主義者

在資訊爆炸的時代，你每天都在主動和被動地接受大量資訊，你的時間也正在被切割成一個又一個的碎片。許多資訊對你的生活和工作其實是無用的，另外，花太多時間瀏覽這些資訊會使你的專注力下降，無法在有限時間內做好一件事。

我不喜歡每天被許多無效資訊占據電腦和手機，也曾因浪費時間看無效資訊而感到後悔。比如，每天打開電腦瀏覽器時會彈出各類廣告，有時候連續彈出好幾個廣告，哪怕自己不想看，也得花幾秒鐘的時間把它們關閉。在資訊爆炸的年代，如何在有限的時間找到自己想要的資訊、知識並持續學習？—— 你需要建立自己的輸入系統，漸漸成為一名長期主義者。

這裡的輸入系統並不是指一個軟體或 App，而是你自己的一套獨特方法，它能幫助你從眾多資訊流中快速獲取想要的資訊或知識。它不是簡單地輸入幾個詞，用搜尋引擎就能尋找到答案的。正如學武術一樣，入門的時候你只是掌握了其中的招式，但如果你建立了自己的一套學習系統，那麼你不僅能學習相關的招式，還能從中領悟大智慧。學會的東西任何人都偷不走，它們會深深刻在你的腦海裡。

如何建立自己的一套輸入系統呢？

第 6 章　長期自律：以少數人標準高效成長

## 1. 列出獲取資訊的管道

　　古代人獲取資訊的管道主要是書本或口耳相傳，資訊的獲取速度相對較慢，且存在延時。比如在古代相隔千里傳一封家書，即使快馬加鞭也要好幾天才能送到；在沒有發明活字印刷術前，古人只能靠一代又一代人抄寫書籍內容，才能讓知識不斷傳遞。

　　如今獲取資訊的管道變得多元化，無論是從書本中還是透過網路尋找，你都能快速獲得大量資訊，與古人獲取資訊的速度相比，這是一個天翻地覆的變化。但這也存在一個問題：你所獲取的資訊太多，使你很難在短期內做出明確判斷——哪些資訊才是自己真正想要的。

　　因此，你要學會列出獲取資訊的管道，並辨別哪些資訊才是自己真正需要的。

　　常見的獲取資訊的管道有網路平臺（資料庫、網站、App 等）、書籍、身邊的長輩或朋友口述。

　　每一種管道又有許多分支，想建立自己的輸入系統，就要學會區分哪些管道的資訊可靠，哪些管道的資訊對自己幫助不大。比如，你要寫一篇專業論文，如果只是開啟瀏覽器輸入一些關鍵字進行搜尋，那麼不僅需要花費大量時間尋找適合的內容，還要花時間篩選出適合自己的論文進行閱讀並做成筆記。但如果你去專業的論文資料庫平臺進行搜尋，由於裡面的論文都有一定專業性，同時你花在搜尋上的時間也會相對減少，無形中會節約你的時間成本，這樣的效率會更高。

　　如果搜尋一般的資訊內容，建議你去權威網站，找有正規出處的內容，以便獲得高品質的資訊。

## 第 5 節　建立輸入系統，成為長期主義者

如果是從書本中獲取資訊，建議你閱讀高品質的書，你從中獲得的啟發會更多。那什麼是高品質的書呢？比如你想尋找設計類的書籍，身邊朋友推薦的好書是一種方式，透過瀏覽專業書評尋找好書是另外一種方式。先把對你有用的書列一個清單，再透過實際翻看挑選 10～15 本書變成真正適合你的書單。你也可以查看一本書的出版社、作者資訊，判斷這本書是不是好書，因為優質的出版社在出版內容時查核會更嚴格，也會對作者有規範要求。

如果從身邊的長輩、朋友那裡獲取資訊，你不僅要學會傾聽，同時要學會判斷哪些資訊對自己有用，哪些資訊不具備真實性和參考價值。人們的成長經歷、知識面、眼界和格局各異，所以每個人看待問題的角度就會不同，得出的結論也不同。

比如，你是一位剛剛結束大學入學考試的學生，面臨著填報志願的問題，想透過和身邊的親朋好友溝通獲得有價值的意見。有的人會告訴你「選一個好科系比較重要」，有的人會說「選擇一間好學校比較重要」，此時你應該聽誰的意見呢？你可以都聽，但最終做決定的人是你，你要學會從多角度出發分析這些資訊的有用程度。好學校和好科系都重要，但「都好」的前提是大考分數。有時有一好沒兩好，要選擇好學校還是好科系，要學會做取捨。

你從任何管道獲取的外界資訊都可作為參考，但你一定要有獨立思考的能力。透過做資訊摘錄和分析，你會更好地做決策，成為一名長期主義者，利用時間也會越來越高效。

## 2. 做資訊摘錄和歸類整理

看到有用的資訊後，不要很快把電腦或書籍關閉，可以先把那些有用的資訊摘錄下來。

如果從書本中獲取資訊，你可以準備一個筆記本（或一份電子文件），以「月」為單位做摘要。把每月看到的好書做歸類整理，把書裡對自己有幫助的內容依次記錄下來並加上自己的感悟——可以寫成幾句話或者一篇簡短書評，也可以參考別人針對本書分享過的內容做詳細的筆記。這些資訊在你寫文章、寫論文時都會對你有幫助，你不必為尋找某一個論點花太久時間，因為你平時已經做好累積。透過不斷地累積資訊，你也增加了自己的知識儲量。

我每年都做紙本版和電子版的讀書筆記，當我回顧它們時，總會感慨自己把提升時間大都花在了看書學習和做筆記這兩件事上。這些資訊、知識對我很有幫助，當我在寫作過程中用到某一個觀點或某一本書時，可以回顧我分類整理的摘要和讀書筆記。如果沒有「輸入系統」，我在寫書過程中會感到很痛苦，因為儲備的資訊和知識不足，所以寫不出實際內容。而且對這些資訊、知識的儲備要靠平時累積，臨時抱佛腳很難見效。

## 3. 針對同一內容形成自己的多次見解，並標註日期

一個人在不同的時間讀同一本書會產生不同的見解，更何況是每年都在獲取大量的資訊呢？所以在每次閱讀完、做完摘要後，你還可以形成自己的二次見解並寫在筆記本裡，每一次都標註好日期，以方便你回顧時快速找到在不同時間的感悟。

> 第 5 節　建立輸入系統，成為長期主義者

比如，你在閱讀完一本書後做了一份讀書摘要；第二天或近幾天內又做了一份讀書筆記；100 天實踐後再回顧此書，形成了自己的見解；半年後再回顧，形成二次見解。每次都標註日期。從一本書中獲得不同的資訊和見解，能幫助你「消化吸收」一本書。

做紀錄的格式（範例）如下：

【日期】2022 年 5 月 11 日，9:00～12:00。

【讀書內容、獲取資訊管道】《○○○○○》，xx 網站。

【讀書內容摘要】

（1）《○○○○○》主要講閱讀的方法論，從讀期刊到讀專業學術書都有不同的方法，我特別喜歡其中關於閱讀學術書的方法。它們能在我寫論文時發揮作用。

（2）從 xx 網站上獲取了其他讀書方法，特意存檔，以方便以後查閱。文件放在了電腦「D 槽 —— 2022 年讀書筆記 —— 5 月 —— xx 讀書方法摘要」裡，在此做標記，後續用到相關資訊、知識時可直接尋找。

【我的見解】

2022 年 5 月 1 日，第一次讀完後我的見解：

（此處寫上你的見解、觀點等，可以用圖文並茂的方式）

2022 年 6 月 1 日，第二次讀完後我的見解：

（此處可寫不同的見解）

2022 年 10 月 1 日，第三次讀完後我的見解：

（此處可用 200 字左右寫一段總結）

一段時間過後，你可以把這些簡要的見解記錄與朋友分享。做紀錄漸漸得心應手後，你可以把它豐富化 —— 把「知識資訊資料庫」不斷更新，漸漸形成一套具有個人特色的「輸入系統」。

## 第 6 章　長期自律：以少數人標準高效成長

　　你在一年後、幾年後回顧時會發現，在累積的過程中，自己漸漸收穫了許多知識。它們都是你寶貴的精神財富。

　　我身邊的長期主義者們都有自己的「輸入系統」，他們平時注重累積，在關鍵時刻系統裡的資訊、知識都能幫他們解決問題。有的人利用這套系統擬寫了好幾篇優秀論文；有的人利用這套系統讓創業「從 0 到 1」，達成公司增值，且累積了大量的商業經驗；有的人形成了自己的商業模式，獲得了投資人的投資。

　　我也透過「輸入系統」漸漸自學了許多知識，為終身學習、跨界學習不斷做努力。這些知識為我日後能在職業生涯中走得更穩、更遠奠定了良好的基礎。

　　在碎片時間越來越多的時代，獲得高品質的資訊並掌握它們，能讓你更專注地學習和工作。透過以上步驟你可以漸漸形成自己的「輸入系統」，它們能使你思考問題的角度更全面，你也能藉此漸漸形成一些自己的觀點，直至成為一名長期主義者。

## 第6節　建立輸出系統，達到知行合一

當你建立自己的輸入系統後，還可以建立自己的輸出系統，讓自己形成「輸入和輸出」的良好循環，達到知行合一。

每個人在學生時代都用過一套輸出系統——寫作文。無論是小學還是中學，當你面臨寫作文的要求時，你會思考：作文應該寫什麼題材？有哪些好詞佳句可引用？有哪些案例可以寫在作文中？隨著你寫作次數的增多，你會感到自己的寫作能力在不斷提升。這套輸出系統好比一個倉庫，你可以把過去所學的知識、素材都運用到寫作中。

輸出系統能讓你把具體的目標、所學的知識，透過實踐運用到生活和工作中，能幫助你在時間內提升效率。

輸出的方式有很多，例如：透過寫作表達知識和觀點，透過與朋友交流分享某個理念，透過舉辦線上或實體讀書會遇見同類人……這些方式都能讓你輸出已掌握的資訊或知識，與別人交換更多有價值的資訊。

隨著年齡的增長，你能獲取的資訊、知識越來越多，輸入系統的知識儲備量變得更豐富，你的輸出系統也變得更好。

要想讓輸出系統實現「知行合一」，下面兩個法則值得參考。

### 1.SMART 原則

SMART 原則是目標管理中的基本原則，它能讓設定目標成為一個有效目標。其中各個字母的含義如下：

(1) S 代表 specific（具體的），表示制定目標的標準一定要具體，讓別人知道該怎麼做。比如，你制定的輸出目標是：成為一名長期主義者，做好時間管理。這就是一個不具體的目標。你可以把這個目標修改為：在 5 年的時間裡，用業餘時間學 3 個新領域的知識，獲得兩個專業技能的證書；做好時間管理，每週至少學習 5 小時，成為一名長期主義者。

(2) M 代表 measurable（可測量的），指目標要能測量或評估，能給出一些明確判斷。也就說，可透過量化評估你的目標。比如，你為自己定的輸出目標是：每月閱讀至少一本書和每月寫一篇書評。這個目標就是不完整的，你需要補充一些可參考的標準：每月閱讀一本至少 200 頁的書，之後寫一篇至少 3,000 字的書評，書評要有趣且符合年輕讀者的閱讀習慣。相對而言，這個輸出目標前半部分更容易實現，也更容易考量。

(3) A 代表 attainable（可實現的），是指為自己定的目標不能太高或太低，太高容易挫敗而不利執行，太低又沒有挑戰性。比如，你寫書評，制定的輸出目標是在 100 天的時間裡每天寫 3,000 字，這個目標會使你感到痛苦，因為較難實現。但若把字數這個目標定為每天寫 500～600 字，則相對容易實現，也不會降低你對寫作的積極性。當你把這個輸出目標實現後，才有動力去實現另外一個輸出目標。

(4) R 表示 relevant（相關性），是指目標之間要有一定的關聯性，它們都為大目標服務。如果在你的輸出系統裡每個目標都是零散的，沒有太多關聯性，那麼你會感到局限性。但如果它們之間有關聯性，你會漸漸獲得更多成就感。比如，在一年的時間裡，有「100 天學設計、100 天學繪畫、100 天學攝影」三個目標，它們之間的知識相互關聯，構圖法、色彩運用、光線使用等都能運用到三個目標中。因為你的各個目標

之間有關聯性，所以無論你最終呈現的是一幅畫還是一幅照片，它們都能表現出你在構圖和色彩運用方面的能力。

（5）T 代表 time-bound（時效性），一個目標如果沒有截止日期或一定的時效，那麼它基本等同於無效目標，這也是拖延最大的敵人。輸出系統裡要完成的每一件事情，如果沒有明確的時間節點，可能你會產生做事拖延的想法；或是另外一種情況，剛開始做這件事時興致勃勃，幾天後便漸漸沒有了動力。比如雅思考試，如果你只制定了一個簡單計畫卻沒有設定截止日期，可能這件事會被你無限拖延下去。但有了截止日期後，你就會明白準備考試的時間有限，如果在時間內不用心準備考試，昂貴的考試費和準備考試時間都會付諸東流。雅思考試每個月都可以報名，這會讓你產生一種錯覺，認為每個月都可以參加考試。但現實是準備考試時間拖得越長，就越沒有動力認真準備考試。你總想著每個月都可以報名考試，報名時間可延長到年底、明年，晚點再準備考試也沒關係。如果替自己設定 3～6 個月的期限，在這段時間內一鼓作氣準備考試，反而會有意想不到的收穫。

輸出系統的目標如果基於 SMART 原則而制定，就更容易實現。設定一個具體目標，你有了資訊或知識輸出的方向，就知道該做什麼樣的準備輸出。運用過去所學的知識，漸漸找到適合自己的方式做輸出，就會形成自己的見解。

## 2.OKR 目標管理法

OKR 目標管理法是一套定義和追蹤目標及其完成情況的管理工具和方法，全稱為目標和關鍵成果法（objectives and key results）。這個方法最

## 第 6 章　長期自律：以少數人標準高效成長

早是在 1970 年代被引入 Intel 內部實行，在其公司內部經過長期實踐後，漸漸在矽谷傳開。許多網路科技公司運用 OKR 目標管理法管理企業。例如 Google、領英、Zynga（社交遊戲大型公司）、Cambly（矽谷知名創業教育公司）都使用該方法實現持續高速的成長。現在它已經成為流行的企業和個人進行目標管理的有效方法。

簡單來說，OKR 目標管理法要求公司、團隊、個人都設立目標（objective），並評估這些目標完成與否，要有一個關鍵結果（key results）。O 代表的是「你想做什麼事情」；KR 代表的是「如何實現目標」，也就是實現目標的路徑。

OKR 的指導原則主要有三點：目標制定原則、關鍵結果原則、透明合作原則。

OKR 能幫忙解決以下問題：

A. 策略清晰。它是燈塔，也是結果導向的量表，能呈現出任務的主要目標是什麼，需要如何一步一步達成目標。
B. 提供持續穩定的動力。可避免目標和優先順序不清晰導致的思路混亂、情緒問題。
C. 讓正確的事情持續產生。讓你走出舒適圈，助你在成為長期主義者的路上越走越穩。
D. 男女老少通用。處理任何讓你感到煩躁、無從下手的事，能幫助你整理思維後整裝待發。

一個簡單實用的 OKR 可以按照如下方式制定：

你可以從設定一個具體目標和三個關鍵指標開始。當你學會並適應這個方法後，可以舉一反三，把它運用到實現多個目標的過程中。

假如你是一位正在從事地方創生的工作人員，可以這樣制定自己的OKR：

具體目標：三個月內把 30 本和地方創生相關的書讀完，並結合實際工作寫一篇地方創生論文。

關鍵結果一：至少讀 25 本關於地方創生的書，閱讀率達成 53%。

關鍵結果二：完成 5 篇地方創生的讀書筆記，每篇 2,500～3,000 字。

關鍵結果三：結合讀書筆記和實際工作完成一篇約 30,000 字的論文，論文比對相似度低於 3%。

設定一個具體目標和三個關鍵結果的好處是：這些數字和資料能讓制定目標過程和執行目標過程都變得可評估，當你有了一定的執行力後，即使不能 100% 完成，至少也能完成 70%。

這兩個法則都能幫助你培養良好的輸出習慣，漸漸形成自己獨特的輸出系統。在成為 20% 的少數人的路上，希望你能形成自己的「輸入和輸出」系統，保持終身學習。

第 6 章　長期自律：以少數人標準高效成長

## 第 7 節
## 長期主義者的頂級自律 —— 知行合一

　　長期主義者實現目標從來不是在嘴上說說而已，而是知行合一。實現目標的難易程度，與你的執行力有關。比如，你想成為一名美妝部落客，卻不願花時間學相關知識；你想要月薪超過十萬元，卻從未認真分析月薪過十萬元的人具備哪些工作能力。

　　無論在職場上還是學習中，知道許多道理但不付出實際行動，是很難實現自己的目標的。

　　知容易，行卻難。知行合一，是長期主義者的終極自律。

　　如何實現自己的目標？又如何做時間管理，讓自己每一年都有進步呢？下面分享一位長期主義者的故事，或許能對你有所啟發。

　　有一位劉老師是商業諮詢顧問，前跨國集團策略合作總監，曾任多家大型企業的策略顧問，上市公司獨立董事。

　　他是如何實現自我價值，又是如何一步一步完成目標的呢？

### 1. 吃苦耐勞

　　劉老師是線上教學平臺的一位受歡迎的商業課老師，書籍也十分暢銷，許多人羨慕他在眾多領域取得了非凡成就。

　　但你不知道的是：他的「作家」斜槓身分是十年如一日地堅持寫作換來的。

## 第 7 節　長期主義者的頂級自律─知行合一

他的一篇文章裡寫道:「我能寫,是因為從小就開始寫小說,高中開始寫詩,後來開始寫部落格。寫作這條路,我已經堅持了十幾年,你卻以為,我才寫了兩三年。」

小時候他家裡並不富裕,他把握一切機會學習,不斷提升自己的整體能力。

你覺得網路企業的工作模式很辛苦,工時很長,但這樣的工時對於這未來來說是常態。

為什麼這樣說呢?

因為他的工作模式是:一天 24 小時,一週 7 天不休息,365 天工作隨時待命,才是他的工作常態。許多優秀的創業者或企業家都是這樣的狀態。

你看,厲害的人都不是突然變厲害的,而是長期堅持做好一件事並刻意練習,吃苦之後才成功的。

我很認同他的一篇文章中的一段話:

什麼是吃苦?

大多數人對吃苦的含義都理解得太膚淺了。窮根本不是吃苦,窮就是窮,不是吃苦。

吃苦不是受窮的能力,吃苦的本質是長時間專注於一件事情,以及在長時間專注的過程中,所放棄的娛樂生活、無效社交、無意的物質消費,以及過程中所忍受的不被理解和孤獨。其本質上是一種禁慾能力、自制能力、堅持能力和深度思考的能力。

一定程度上,靠自己做出成績變得富有的人,往往比窮人更能吃苦,否則他就不可能靠自己白手起家。

你會發現這些人富有了以後,還是比你勤奮,還是比你能忍受孤

獨,還是比你能延遲滿足,還是比你簡單純粹。

這才是吃苦。

仔細想想,現在的許多年輕人缺少的正是這樣的「吃苦精神」。

## 2. 改變思維

下面引用他所分享的一段話,有助於大家意識到改變思維的重要性。

真正厲害的人,都有一種「工程師思維」。

什麼是「工程師思維」?

有人說工程師思維是永遠以資源有限、條件不足為前提,去實現現實世界的目標。

永遠不要說我的條件不允許,說做就做,必須做。

你有沒有這個決心?你有了這個決心,條件不可能不允許。

這就是工程師思維 —— 你要有決心,還要有行動力,千萬別在任務開始之前就急著否定自己,告訴自己不可能。

我認真觀察身邊的許多創業者後發現,真正能創業成功的人,他們身上都具備改變思維。他們只要想做一件事,認準後會一直努力朝一個方向前進,而不是「三天捕魚,兩天晒網」。做事業不會一帆風順,總會經歷困難挫折,而正是這些考驗不斷篩選著各個行業真正優秀的創業者。

你的思維模式,決定了你能走多遠。

我曾經遇見過喜歡抱怨的人,他們總是把問題或責任推卸給其他人,自己從來不承擔責任。他們認為,所有的錯都是別人的,所有的問

第 7 節　長期主義者的頂級自律─知行合一

題都與自己無關。

他說:「成年人極致的自律,是不再推卸責任。」

這句話看似簡單,但背後要承擔的卻是很大的壓力。比如,劉老師身為公司的創辦人,要承擔的責任和風險就非常大,如果老闆扛不住壓力,公司就很難走遠。

工作上犯錯不可怕,可怕的是沒有意識到自己的錯誤並加以改進,還推卸責任。你若長期跟隨這樣的上司工作,有一天也會想離開,尋找新的工作。懂得反思和總結,才能成為更好的自己。

在學習中,學會承擔責任也非常重要。例如,你正在學鋼琴,老師為你安排的的作業是每天至少練習半小時,你卻每週只練習一次。下次交作業時,彈得結結巴巴,卻說自己沒有時間練鋼琴,這就是不承擔責任的表現。

勇敢地承擔責任──承認自己沒有花時間和精力好好練習鋼琴,並告訴自己下次會改進,這樣才能進步。

## 3. 靜心做事

要想變成一個厲害的人,必然要經過一段默默耕耘的孤獨時光。時間會給你答案。

一些優秀創業者聲名顯赫時往往都是 35 歲以上。

為什麼大部分人是在 35 歲之後才功成名就的呢?

首先,他們得在一個行業或領域裡經過多年的不斷深耕,才能精於一個行業,才會漸漸擁有自己的一席之地。一個人第一年從事教育業;

## 第 6 章　長期自律：以少數人標準高效成長

第二年看到別人做遊戲開發賺錢，又去做遊戲開發；第三年又去做咖啡館……不在一個領域裡深耕，頻繁轉行，蜻蜓點水，淺嘗輒止，這樣的人不容易成功。

創業後，你會面對更多痛苦，深夜輾轉反側是常態，許多創業者熬不過第一年，公司就會因各式各樣的情況倒閉了。

對一些學生讀者來說，現在談創業還早，但提前了解一些商業知識，為步入職場提前做準備也是件好事。

我和身邊的幾位朋友一直堅持在數位媒體產業工作，才漸漸有一席之地立足。許多和我同時期在這個產業工作的人比我更努力，「一分耕耘，一分收穫」，他們成了知名的人物。

劉老師一直在商業顧問產業深耕，是一名優秀的商業顧問。他不斷提升自己對商業的敏銳度，才有機會成立顧問公司，替許多優秀的企業提供解決方案。

在一個產業裡，真正能堅持到最後的人，永遠是少數人。

而機會，是留給這些少數人的。

你想成為哪一種人？

人生路漫漫，做時間管理是一件會令你終身受益的事 —— 用 80% 的時間和精力努力成為 20% 的少數人。

讓我們一起做好時間管理，用高效率過好每一天。

# 後記

這是我寫的第二本書，第一本書《學習，就是要高效：時間管理達人如是說》陸續加印多次。我也經歷了從職場上班族到自由職業者再到創業者的角色轉變。一路走來，經歷了風雨，也見過彩虹。各位讀者見證了我的成長。

在這5年裡，我也在不斷累積沉澱，等待合適的機會創作第二本書。在編輯張尚國老師的督促下，本書得以問世。能在書中與大家分享時間管理的方法論和實踐經驗，是我的榮幸。

感謝父母、伴侶的一路陪伴和支持，他們是我的堅強後盾。

感謝各位老師、前輩的指導，他們在我面臨人生抉擇時給予提點，讓我未來的路走得更穩、更遠。

謝謝各位讀者一直以來的支持和喜歡。今年我剛好30歲，身為一名普通女性，常年認真做時間管理，力求平衡好工作、學習和生活之間的關係，終於在而立之年實現了「30歲之前的願望清單」：創業開一家公司；參加創新創業比賽獲獎；學習多國語言；認識優秀的人，和他們成為朋友；去巴黎鐵塔下拍照留念；去自己喜歡的一些城市、國家旅行，拓寬眼界；寫一本書……

身為一位普通人，我透過做時間管理實現了一些有難度的願望。你也可以做好時間管理，把人生中的美好願望一一實現。

你如何過一天，就如何過一生。

## 後記

　　希望我的第二本書能幫助到你和你的家人、朋友，如果你看完此書有一些感悟和收穫，我將感到非常開心。期待與各位讀者在未來進行更多的交流。

　　書中有不足之處，敬請指教。

　　讓我們一起努力，在更高處相逢。

徐丹妮

# 時間複利效應，從零碎忙碌到高效產出：
GTD 法則 × 番茄時鐘法 × 甘特圖 × 九宮格時間管理法，打造強大自律系統，讓你的努力成為長期優勢

作　　　者：徐丹妮
發 行 人：黃振庭
出 版 者：沐燁文化事業有限公司
發 行 者：崧燁文化事業有限公司
E - m a i l：sonbookservice@gmail.com
粉 絲 頁：https://www.facebook.com/sonbookss
網　　　址：https://sonbook.net/
地　　　址：台北市中正區重慶南路一段 61 號 8 樓
8F., No.61, Sec. 1, Chongqing S. Rd., Zhongzheng Dist., Taipei City 100, Taiwan

電　　　話：(02)2370-3310
傳　　　真：(02)2388-1990
印　　　刷：京峯數位服務有限公司
律師顧問：廣華律師事務所 張珮琦律師

-版 權 聲 明

原著書名《时间管理手册：如何高效过好每一天》。本作品中文繁體字版由清華大學出版社有限公司授權台灣沐燁文化事業有限公司出版發行。
未經書面許可，不可複製、發行。

定　　　價：420 元
發行日期：2025 年 04 月第一版
◎本書以 POD 印製

## 國家圖書館出版品預行編目資料

時間複利效應，從零碎忙碌到高效產出：GTD 法則 × 番茄時鐘法 × 甘特圖 × 九宮格時間管理法，打造強大自律系統，讓你的努力成為長期優勢 / 徐丹妮 著 . -- 第一版 . -- 臺北市：沐燁文化事業有限公司，2025.04
面；　公分
POD 版
ISBN 978-626-7628-92-8( 平裝 )
1.CST: 時間管理 2.CST: 工作效率
494.01　　　　　114003318

電子書購買

爽讀 APP　　　　臉書